U0193525

在“四个出新出彩”中实现老城市新活力

之一

综合城市功能出新出彩

孟源北◎编著

SPM 南方出版传媒 广东人民出版社
·广州·

图书在版编目（CIP）数据

在“四个出新出彩”中实现老城市新活力 / 孟源北编著. —广州：广东人民出版社，2020.10
（红棉论丛）
ISBN 978-7-218-14493-1

Ⅰ. ①在…　Ⅱ. ①孟…　Ⅲ. ①城市规划—研究—广州
Ⅳ. ①TU982.651

中国版本图书馆CIP数据核字（2020）第178954号

ZAI “SIGE CHUXIN CHUCAI” ZHONG SHIXIAN LAOCHENGSHI XINHUOLI
在“四个出新出彩”中实现老城市新活力
孟源北　编著

出 版 人：肖风华

责任编辑：梁　茵　廖志芬　陈泽航
责任技编：周星奎
封面设计：刘红刚

出版发行：广东人民出版社
地　　址：广州市海珠区新港西路204号2号楼（邮政编码：510300）
电　　话：（020）85716809（总编室）
传　　真：（020）85716872
网　　址：http://www. gdpph. com
印　　刷：广东鹏腾宇文化创新有限公司
开　　本：787毫米×1092毫米　1/16
印　　张：42　　　字　　数：620千
版　　次：2020年10月第1版
印　　次：2020年10月第1次印刷
定　　价：168.00元（共4册）

如发现印装质量问题，影响阅读，请与出版社（020—85716849）联系调换。
售书热线：（020）85716826

导论

以新思想引领实现“老城市新活力”的广州实践

◎孟源北

对照使命要求、服务民族复兴是城市发展的思想自觉和行动自觉；城市要实现在发展中不断超越、永葆生机，就需在国家战略中找位置、扮角色、强担当、作贡献。党的十八大以来，以习近平同志为核心的党中央高度重视广州发展，从国家战略大局对广州工作提出了新的要求，对广州未来寄予了新的期望。特别是2018年10月，习近平总书记视察广东期间对广州赋予“实现老城市新活力”的新使命。这是习近平总书记着眼于民族伟大复兴和社会主义现代化强国奋斗目标，充分把握世界城市发展规律和科学认识我国城市发展新趋势的深刻体现，又是广州承载国家战略、对标顶级标杆，为民族复兴贡献城市担当的核心任务和必由之路，为广州未来发展提供了强大动力和根本遵循。

广州是中国民主革命的策源地、国民革命的中心地、改革开放前沿地。回首过去，无论是在苦难辉煌的革命年代，或是激情燃烧的建设时期，还是在波澜壮阔的改革岁月，广州依托区位之优、风气之先、开放之利、体制之活，始终勇立潮头、敢想会干、主动担当、大胆作为。展望未来，“两个率先”目标的实现、“始终走在前列”的殷切嘱托、“两个重要窗口”的使命期望，作为省会城市的广州，道路只有一条，就是抢抓大机遇，焕发新活力；作为一线城市的广州，目标只有一个，就是为全国提供丰富素材和鲜活经验，创造可复制可推广的成功样板和典型范例而发挥广州作用、贡献广州力量。正如市委书记张硕辅同志所指出的：“广州有底气、有能力，也有责任、有义务继续发挥比较优势做优做强，增强对周边区域发展的辐射带动作用。”进入新时代，广州正紧紧抓住中华民族伟大复兴引领城市现代化发展的历史契机，以为国家担当的力度标定实现老城市新活力的高度，用知重负重、闻鸡起舞、日夜兼程、风雨无阻、攻坚克难的实际行动诠释使命担当，推动加快实现老城市新活力、“四个出新出彩”。

一、坚持深学力行，奋力建设现代化国际大都市，用新思想引领新活力

新思想是中国精神的时代精华，是引领民族复兴的科学指南，更是城市发展的根本遵循。奋进新时代，踏上新征程，广州实现老城市新活力必须坚持以习近平新时代中国特色社会主义思想为指导，坚定贯彻习近平总书记对广东及广州工作提出的重要指示和要求精神，深入落实省委“1+1+9”工作部署及对广州的新要求，坚持以新思想引领城市发展方向、以新理念统揽城市工作全局，奋力建设现代化国际大都市。

1. 新思想引领新方向

越是领航探路，越无成熟经验可循；越是发展靠前，越早遇到“成长的烦恼”；越是步入坦途，越易陷入“路径依赖”。发展到达一定的高度，要继续向上跃升，愈加需要深层突破，愈加需要厚积薄发，不能自命清高，更不能盲目跟从。经过新中国70年，特别是改革开放40年来的发展，广州固然拥有先发优势，同时也需要正视与中央要求和省委期待相比存在的不足和差距，置身全球化的大环境中，代表国家参与全球合作竞争，既要主动对接国际标准和规则，又要力主成为国际标准和规则制定的重要影响因素；置身高质量发展的现代化新征程中，既要保持改革魄力，

突破思想观念的障碍和利益固化的藩篱，又要兼具法治定力，用制度守卫保护创新实践、改革成果，这些考验着城市的执行力，更考验着城市的思考力，切实需要自觉养成从党的创新思想汲取智慧、提升能力的习惯，并将之转化为充沛的行动力。广州的态度和做法是自觉树立对新思想的信仰和遵循，坚持把自身发展方向和战略定位与学懂弄通做实，把习近平新时代中国特色社会主义思想和贯彻落实习近平总书记重要讲话和重要批示精神结合起来，坚决做到“两个维护”、强化“四个意识”，掌握其精神实质，把握其思想灵魂，掌握和学习其中蕴含的基本立场以及科学的世界观方法论，胸怀大局、把握大势、着眼大事，时时处处与党中央决策部署进行对标，主动对接国家和省委的发展战略，聚焦国家中心城市的要求及大湾区区域核心引擎的功能和支持深圳建设中国特色社会主义先行示范区的贡献，围绕建设现代化国际大都市的目标要求积极作为，强化城市的集聚和辐射带动作用，增强直面问题的勇气和化解难题的智慧，摒弃惯性思维，以改革创新精神探索新路径，使广州在全球城市体系和国家发展战略布局中扮演更加重要的角色。

2. *新时代需要新活力*

城市在时代中发展，时代在城市中呈现。如果说改革开放初期的“先行”所要求的是围绕亟须突破的重点和难点敢闯敢试，那么“活力”则是要求围绕共同存在的重点和难点会想会干。如果说“先行”是改革开放初期对尚不清楚的东西的探索，那么“活力”则是有了40年改革发展后在一定预期基础上的实践。党的十八大以来，习近平总书记五次对广东提出要求、作出指示、赋予使命、部署任务，从“在全面深化改革中走在前列”到“四个全国前列”、从“三个定位两个率先”到建设粤港澳大湾区，实现了“一省”到“一域”的站位提升、“单项”到“整体”的格局拓展。作为国家中心城市和省会城市，广州要在对标中央要求和贯彻落实省委部署中作表率、当先锋、走前列，不能仅仅从“一城”的角度谋划自身发展，而需要从打造城市群的未来预期中明确自身奋进的方向，从大城市与中小城市关系、主体功能区与特大城市圈构建中明确自身应有的站位和未来的规划。这不仅是城市间交通和网络等硬件层面的互联互通，更需要城市间空间治理、资源要素流通、财税事权、社会保障等软件层面的一体融通。目前，广州正在按照《粤港澳大湾区发展规划纲要》的要求，以世界一线城市、国家中心城市的格局和胸怀，主动担负大湾区中心城市、省会城市的政治责任，坚持“学习、协同、服务、共赢”，促进穗港澳更高层次合作，加强广州—深圳双核驱动，积极推动建立广深合作领导机制和工作机制，强化广州—佛山极点带动，建设广佛同城化合作示范区，在更高层次上提升广佛同城化，引领“一核一带一区”协调发展新格局，推动更高质量广清一体化，深化与东莞、中山等兄弟城市战略合作，引领珠江东西两岸协同联动发展，打造广佛肇清云韶经济圈，为粤东粤西粤北城市融入粤港澳大湾区建设提供服务和支持，更好促进全省区域协调发展，用责无旁贷的使命感和“坐不住”的责任感，努力回答“如何强化国家中心城市功能”“如何深入推进互联互通”“如何发挥好粤港澳大湾区的区域核心引擎功能”的城市新活力答卷。

3. 新理念统揽新布局

思想是行动的先导，思想落后必然导致行动落后。习近平总书记指出：“做好城市工作，要顺应城市工作新形势、改革发展新要求、人民群众新期待，坚持以人民为中心的发展思想，坚持人民城市为人民。这是我们做好城市工作的出发点和落脚点。”中国特色社会主义进入新时代，城市发展也进入了新时代。新时代城市发展承载着服务民族复兴、引领高质量发展的历史重任和人民对美好生活的无限期待。结合总结改革开放40年的发展历程和经验，广州市认为，激发新活力，科学布局城市发展，首先要“转”发展理念，“转”思想认识，坚决破除惯性思维、路径依赖、地域局限、小富即安、视野不宽的弊病，真正在思想上“破冰”、在行动上“突围”，适应发展需要，顺应发展规律，寻求新的发展能级，让创新成为第一动力，协调成为内生特点，绿色成为普遍形态，开放成为必由之路，共享成为根本目的，在建设现代化国际大都市的进程中，坚持新发展理念推动广州的时代性蝶变。在城市布局的发展路径上，从谋划全局到编规划、制政策，从发展新经济到创新治理模式，实现城市综合功能实力与民众获得感幸福感同步提升已经成为广州一切工作的基本逻辑。广州正抢抓新一轮科技革命和产业变革带来的战略机遇，助推深化供给侧结构性改革，推动以创新驱动发展为引领的经济结构战略性调整，积极布局新一代信息技术、人工智能、生命健康、海洋科技、新材料等科技前沿领域，提前布局量子通信、航空维修、轨道交通、天然气水合物开采及衍生技术等前沿产业，坚持“以大项目集聚大产业、以大服务推动大发展”，让“硬实力更硬、软实力更强”，为广州实现“四个出新出彩”提供强大动能。在城市布局的功能划分上，广州紧紧围绕国家中心城市、综合性门户城市、国际商贸中心、综合交通枢纽、科技教育文化中心等定位，充分发挥广州开发区、南沙自贸区、国家临空经济示范区三大重点区域改革示范突破带动作用，基本形成了南沙粤港澳全面合作示范区、白云和花都空港经济区、琶洲互联网创新集聚区、黄埔和增城以现代工业及优质制造业为主的国家级开发区、越秀科技创新园区和红色文化先行示范区等“多主题全链条产业功能区”的城市格局，持续优化枢纽型网络城市格局，努力推动国家中心城市和综合性门户城市功能优化、地位强化。

二、坚持深化改革，努力构建现代化新经济体系，用新动能提升新活力

习近平总书记指出“以培育壮大新动能为重点，激发创新驱动内生动力”。这为广州构建现代化新经济体系，推进高质量发展指明了方向、明确了路径，更加坚定了实现老城市新活力的信心。加快培育壮大新动能是推进供给侧结构性改革的重要着力点，也是推动实现高质量发展的重要抓手。广州贯彻落实习近平总书记重要讲话和重要指示精神，推进老城市新活力，关键就在于用好改革创新“关键一招”，激发内生动力、积极发展新产业、培育壮大新动能。

1. “放管服”改革释放新空间

实现老城市新活力是一次城市功能优胜劣汰的自我革命，需要为新的利益结构和功能模式提供场所和释放空间。广州市坚持向改革要空间、要活力，找准改革着力点和突破口，抓住粤港澳大湾区建设重大机遇，围绕

实现老城市新活力、“四个出新出彩”，积极谋划推进战役战略性改革和创造型引领型改革，系统开展投资便利化、贸易便利化、市场监管体制等6项改革，开展不动产登记、缴纳税费、获得电力等11个改革专项行动，推动重要领域和关键环节改革取得更多突破性成果，将“放管服”改革与机构改革结合起来，建设“数字政府”，调整优化政府机构设置和职能配置，理顺市场监管职能，提高行政效率效能，最大限度减少政府对市场资源的直接配置、对市场活动的直接干预，提高投资贸易便利化水平，切实解决企业融资难、融资贵等问题，支持民营企业发展壮大，激发民营经济发展活力；将“放管服”改革与减轻基层负担结合起来，加大放权强区改革力度，深化镇街管理体制改革，推动治理中心下移，构建简约高效的基层管理体制机制，充分激发基层活力；将“放管服”改革与规划审批结合起来，在“多规合一”基础上推动“多审合一”“多证合一”，深入推进压减企业开办时间、工程建设项目审批制度改革、优化税收营商环境三项国家级改革试点，深入推进商事制度改革，加快建立与国际高标准投资和贸易规则相衔接的规则制度体系，提高政务服务、产业协同配套、生产要素流动、人员往来和生活服务便利化水平，提升政策活力。目前，广州市下放各类事权123项，清理证明事项380余项，新登记市场主体和企业分别增长25.45%和35.25%，企业开办时间压减至4个工作日以内，政府投资工程建设项目审批时间压减至90个工作日以内，社会投资项目压减至50个工作日以内，企业退税时间和清税申办时间大幅压减，口岸整体通关时间压缩三分之一，越秀区“企业开办最快1天”受国务院大督查通报表扬。深入推进“放管服”改革，在有效拉动就业创业、催生新模式新业态等方面产生了显著“外溢效应”，激发出了强劲的市场活力和经济内生动力。

2. “千万亿”项目点燃新引擎

实现老城市新活力是一次城市新旧动能转换的提质增效，需要为引领城市竞争点燃活力引擎。今天的项目建设，就是明天的竞争力支撑。唯有全面提升城市能级和核心竞争力，这座城市才能真正踏上迈向现代化国际大都市的新征程，才能真正担起国家交付的历史使命。目前，广州着力建设先进制造业强市，加大力度推进10大价值创新园区建设，培育若干个千亿级产业新集群，争创制造业高质量发展国家级示范区。推动低效园区和村级工业园提质增效，提高单位面积产出效益。大力培育优质企业，加强对接服务，支持一批重大项目加快建设，尽早投产达产。当前，广州已经形成了汽车、石化、电子、电力、电气装备等5个千亿级和通用设备制造、船舶等26个百亿级项目集群，力争到2025年，聚焦汽车、新一代信息技术、高端装备、生物医药、新能源及新材料、生产性服务业等6大产业培育形成规模超4万亿的现代化产业体系。近一年来，广州开发区、黄埔区共有51个项目集中签约动工，总投资500亿，预计达产产值及营业收入超3000亿元，其中包括中国软件CBD总部项目、锦江光学膜项目、卡尔蔡司高端定制化视光学产品项目、海康威视华南研发总部项目、日立集团IT中国总部项目等，在这些项目汇总不乏“全球最大”“世界首家”“中国首个”等名片，不少还是国际知名企业的最高端项目、最前沿技术。此外，增城区打造千亿级新型显示产业集群和千亿级广州国际汽车零部件产业基地；南沙区打造粤港澳大湾区人工智能产业高地和千亿级人工智能产业集群；白云区打造千亿级云计算产业；番禺构建全生态链系统的智慧产业，也将带出千亿产业集群；荔湾区打造成国际一流生物科技和大健康产业基地，力争十年内实现1000亿元产值，成为中国大健康产业第一品牌。广州还将打造协同发展的轨道交通产业生态系统，到2021年，广州轨道交通产业规模预计达到1200亿元，到2025年，全智慧型轨道交通产业生态链基本健全，成为国际知名的轨道交通设计咨询、工程建设、装备制造和运营维护的智能基地，并将产业逐步拓展升级至智慧城市领域，助力广州市轨道交通产值突破2000亿元。这些重大项目的落地，对于正处在滚石上山、爬坡过坎的关键时期的广州尽快实现新旧动能转换，焕发新活力，必将点燃新引擎。

3. “高精尖”产业凸显新优势

实现老城市新活力是一次城市价值链体系的重新定位，需要为登上新的战略制高点积聚新优势。城市发展的基础在经济、支撑在产业。在产业体系结构部署上，广州市将“大而全”的战略逻辑向“高精尖”转变，重新定位在产业价值链体系中的位置，做出新的战略选择，加快疏解一般性产业，以培育发展高精尖产业为先导，着力调整优化产业体系和空间结构，加快推进经济结构的重塑，提前布局量子通信、航空维修、轨道交通、天然气水合物开采及衍生技术等前沿产业，大力发展新一代信息技术、人工智能、生物医药和新能源、新材料等引领性战略性产业，转型升级汽车、电子、电力、石化等传统优势产业，保障中华老字号等涉及基础民生需求的名优产业，支持带有广府、岭南特色的工艺文化创意产业，发挥好船舶和电子等军工领域产业，构建起以“前沿、高新、优势、特色、军工”为主要内涵的产业体系。目前，这样的高新技术企业数量已经突破1万家，新增高新技术企业超过2000家，科技创新企业超过20万家，还有一些综合性国家级和省级科学中心和重大创新平台，如，人类细胞谱系大科学研究设施、冷泉生态系统大科学装置、新型地球物理综合科学考察船、国家先进高分子材料产业创新中心、再生医学与健康省实验室、南方海洋科学与工程省实验室、新一代通信与网络创新研究院也落户广州，成为广州城市战略发展的重要支撑，助推广州在世界城市体系、全球科技创新实力等排名明显提升。

4. “新业态”经济打造新标杆

实现老城市新活力是一次城市资源优化组合的质变跨越，需要广州的综合实力整体发挥。广州历史文化底蕴深厚，综合经济实力雄厚，城市地位、国际创新能力、综合服务能力等位居世界前列，具有鲜明特质和时代魅力的高识别度，在研发、技术、创新、服务、人才、市场、物流、交通等方面拥有巨大的优势，使广州加速集聚全球创新资源、打造全球创新经济新标杆，抢占经济发展制高点提供了条件和基础。近年来，广州依托粤港产业深度合作园、粤澳合作葡语系国家产业园等重大合作平台和穗港澳国际健康产业城、南站商务区、临空经济示范区、庆盛枢纽、琶洲数字经济创新试验区等特色发展平台，在高端现代服务业、外贸、新零售等领域积极培育发展形成以枢纽经济、门户经济、平台经济、共享经济、体验经验等为主要形态的新经济业态。在高端现代服务业，建设国际工业设计中心，发展供应链管理、定制化服务、总集成总承包、信息增值服务等服务型制造新业态；在新零售业和外贸领域，推动平行汽车进口全产业链发展，发展毛坯钻石保税交易、保税展示等新业态，实现商品进出口总值9829亿元、增长1.2%，飞机融资租赁增长61%，邮轮进出港旅客增长19.3%。新业态经济的发展，成为广州建设国际化开放式的创新孵化平台，建立智能化生产体系和管理体系，争创“中国制造2025”试点示范城市、国家级制造业创新中心，打造国家智能制造和智能服务紧密结合的示范引领区的动力源和突破口。

三、坚持深耕细作，聚力打造宜居宜业宜游环境，用新品质焕发新活力

习近平总书记指出：“做好城市工作，要顺应城市工作新形势、改革发展新要求、人民群众新期待，坚持以人民为中心的发展思想，坚持人民城市为人民。这是我们做好城市工作的出发点和落脚点。”以人民为中心，为我们指明了城市工作的明确导向，也为广州实现老城市新活力提供了根本遵循。

1. 百姓的“甜头”展活力之效

进入新时代，城市发展更加凸显人本逻辑、品质生活、宜居导向。城市发展最终归宿都是为了更好地满足民众对美好生活的需要。一年来，广州市扎实开展“不忘初心、牢记使命”主题教育，自觉把群众观点、群众路线深深植根于思想深处、落实到具体行动中，高标准高质量推进“长者饭堂”“家庭医生”“健康小屋”等务实改革举措，优化高端医疗卫生、教育、养老等资源布局，扎实办好入学入托、养老、疾病预防、就医、交通、文化惠民、老旧小区和城中村改造等民生实事，推动公共服务在更高水平上实现均衡发展，增加多层次、高水平的公共服务供给。基本建成保障性安居工程3.2万套，新增租赁住房110.4万平方米，成立5家国有住房租赁企业。完成旧楼宇加装电梯869宗。实施养老大配餐服务提升工程，长者饭堂增加到1002个。新增来穗人员随迁子女中小学起始年级学位2.87万个。加快推进分级诊疗，网格化布局紧密型医疗联合体，打造高品质家庭医生服务受国务院大督查通报表扬。完善社会治安立体化信息化防

控体系，案件类警情、刑事立案分别下降14.2%和13.2%。深入开展扫黑除恶专项斗争，打掉涉黑团伙15个、恶势力犯罪集团36个，群众安全感满意度分别达98.4%和97.8%。完善“一窗式”集成服务、清单管理、跨城通办、一网通办等措施，推行审批服务“马上办、网上办、就近办、一次办”，打造“花城事好办”政务服务品牌。构建热线标准化体系，解决市民诉求129.6万件。人民群众获得感幸福感安全感得到显著提升，人人参与、人人尽力、人人共享的良好局面得到极大巩固增强。

2. 花城的“靓丽”显活力之美

越是把城市“收拾”得宜居宜业宜游，越能提升城市能级，既让市民生活舒适，也能不断吸引资源要素进入，从而推动城市经济发展，焕发生机活力，积聚未来发展潜力，最终打造城市可持续的竞争力。广州市牢记总书记“绿水青山就是金山银山”的指示，牢固树立绿色发展理念，扎实推进生态环境保护建设，持续推动建设干净整洁平安有序城市环境，打好污染防治攻坚战，大力推进城市更新改造，建设宜居宜业宜游的美丽广州。PM2.5平均浓度35微克/立方米，连续两年达到国家二级标准，未出现重污染天气；8个国考、省考断面水质达到年度考核要求，35条黑臭河涌长治久清，112条黑臭河涌治理主体工程完工，入选全国黑臭水体治理示范城市；创建300个生活垃圾精准分类样板居住小区；新增立体绿化10万平方米、生态景观林带80公里，建成绿道100公里、森林公园2个、湿地公园1个，创建森林小镇3个，完成碳汇造林4.5万亩，天更蓝、水更清、草更绿、空气更清新的生态环境优势加快转化为广州的发展优势。

3. 人才的“集聚”创活力之强

人才是经济社会发展的第一资源，也是城市创新发展中最为活跃、最为积极的因素。只有拥有足够多的人才，特别是引来最紧缺的高精尖人才，创新才有动力，发展才有活力，竞争才有实力。广州市坚持全球视野、国际标准，把握全球人才流动大趋势，聚焦科技前沿和重大产业领域，面向全球引才聚才，出台更具竞争力的人才政策，深入实施产业领军人才“1+4”政策，办好海交会等引智平台，高标准建设国家级人力资源服务产业园，建设南沙国际化人才特区，加快推进设立海外人才工作站，探索实施顶尖人才“全权负责制”，制定鼓励海外人才来穗创业红棉计划、更好发挥“人才绿卡”聚才效应，建立外籍归国高层次人才创办内资企业、职称评审、出入境和居留等绿色通道，吸引全球顶尖人才、技术在广州集聚，着力引进一批站在世界科技前沿、处在创新高峰期的领军人才和创新团队，打造引领城市发展的人才“梦之队”。2018年，广州市新发放“人才绿卡”1580张，设立50亿元科技成果产业化引导基金，科技信贷风险资金池拉动银行贷款超过100亿元，股权投资机构达到6192家，使广州成为各类人才创新创业、实现梦想的热土，让各类人才创造活力充分涌流，以强大人才优势激发城市发展活力，提升核心战略优势。

目录

contents

第一章
提升城市经济中心功能

▲ 加快融入全球供应链体系　建设全球供应链枢纽型城市

▲ 以金融科技战略投资　推动大湾区战略性新兴产业发展

▲ 壮大新能源产业　建设先进制造业强市

▲ 发展供应链金融　服务制造业产业链

加快融入全球供应链体系 建设全球供应链枢纽型城市

党的十九大报告针对建设现代化经济体系强调，要在现代供应链领域培育新增长点、形成新动能，深化供给侧结构性改革。在全球化背景下，贸易保护主义和单边主义对全球产业链造成破坏，坚定维护全球产业链的安全性、创新性和完整性对于经济持续发展具有重要意义。如何将全球快速发展的、吸引着全球资金、资源、人才及技术汇聚的城市群连接在一起，供应链俨然成为企业生产的主流模式。广州作为我国国家中心城市，亚太地区重要的区域性全球城市之一，“一带一路”的重要枢纽城市，加快融入全球供应链体系，能更好地引领珠三角城市群加快融入全球供应链体系，推动广州建成全球城市，服务“一带一路”建设[①]。

一、全球供应链的内涵以及发展

全球供应链（Global Supply Chain）主要是指在经济全球化背景之下，围绕着核心企业，通过对物流、资金流、信息流的控制，将采购原材料、生产中间产品、生成最终产品到销售产品再到消费者的整个“生产—消费”过程有机整合起来，包括供应商、制造商、分销商、零售商和用户，连成一个整体的功能网链结构模式。全球供应链具有以下几个特征[②]：

一是客户需求驱动。全球供应链以客户需求为起点，供应链核心企

① 张小英．广州建设全球供应链枢纽城市的路径研究[J]．城市，2018(01):25—34.

② 路红艳，梁威．中国融入全球供应链体系的实践、问题及建议[J]．全球化，2019(04):29—39；134—135.

业根据客户需求，实施供应链计划、协调和控制，建立以客户为中心的数字化供应链网络运营体系，快速响应客户需求，确保更具有弹性的用户体验，提高客户满意度。

二是全球配置资源。全球供应链是国际贸易和投资的重要载体。全球供应链的核心企业通过国际贸易、国际投资和电子商务平台等形式，整合不同国家和地区的有效资源，在世界范围内进行原材料和零部件的采购、产品的研发设计、加工组装、物流和销售等供应链环节的组织和配置，实现全球供应链的有效运转。

三是大规模协同。互联网和信息技术的发展和应用，泛在、高速、互联互通的信息网络成为全球供应链重要的基础设施，供应链组织形式向平台型企业主导延伸，平台使全球供应链协同与整合的高流动性、高依存性大幅增强，协同深度和广度不断拓展，从过去的企业间、产业间有限环节、有限流程协同走向跨行业、跨区域、跨国界的大规模供应链协同与共享。

二、广州在全球供应链中的地位

（一）汽车产业

2019年，广州全市限额以上汽车整车零售额1086.6亿元，同比增长0.3%，南沙汽车码头商品车装卸量持续攀升，全年装卸量达112.9万辆，增长12.7%，稳坐国内内贸滚装船头把交椅，汽车产量高达292.26万辆，居全国各城市之首。[①]2019年，广汽传祺等自主品牌产量接近40万辆，市场占有率稳步提升，全市新能源汽车产量更是达到6万余辆，增长1.1倍。广州不仅有实力雄厚的整车制造集团，而且集聚了汽车电子、传动系统、减震、灯饰、精密件、轮胎、玻璃等1200多家零配件生产和贸易企业，是活跃在广州汽车贸易前线的“生力军”。而早在2007年，广州就被认定为“国家汽车及零部件出口基地”，汽车零部件产品远销欧美、日本、非

① 数据来源：广州市商务局 http://sw.gz.gov.cn/swzx/swyw/content/post_5809577.html.

洲、东盟等各大国际市场。2019年广州市汽车零部件进出口378.1亿元人民币、整车进出口68.1亿元，汽车产品进出口占全市外贸总值的4.5%，外贸占比高于全国1%；广州汽配件出口排名第一的某汽车轮胎公司年出口额13亿元，产品遍布150多个国家和地区。如今，广州已成为全国第二大平行进口汽车试点城市。据海关统计，2019年全市整车进口1.2万辆，同比增长1.5倍。

（二）利用外资规模

广州实际使用外商直接投资金额从2012年的29.89亿美元增长到2019年的71.43亿美元，累计总额超过1000亿美元。[①]跨国公司加快布局广州，在穗投资的世界500强跨国公司数量从2000年的98家增长到2015年的283家，投资了720个项目，集群效应凸显。从对外贸易规模来看，广州进出口总额从2000年的233.5亿美元增长到2016年的1297.06亿美元，增长了5.55倍。从贸易出口结构来看，广州机电产品、高新技术产品出口增长较快，出口比重不断提升。机电产品出口额占比从2000年的35.42%增长到2016年的51.90%。高新技术产品出口额占比从2000年的6.86%增长到2016的17.91%，且高新技术产品出口增速远高于进口增速，出口商品结构不断优化提升，高附加值、高技术含量的产品成为主导，以上数据反映了广州已经成为全球供应链体系的重要组成部分，在全球产业链和价值链体系中的功能地位不断提升。

（三）会展、专业批发市场情况

广州专业批发市场约有900多个，年交易额超过8000亿元，其中有158个市场交易额超亿元以上，10个市场超百亿元，专业市场强大的商品集散能力将中国制造的货物变为全球流通的商品。[②]广州会展业综合实力稳居国内城市第二位，2019年全市重点场馆展览场次690场，展览面积1024.02万平方米，广州交易会单展面积继续位居世界第一，广州国际照明展览会

---

① 数据来源：广州市统计局 https//epaper.xkb.com.cn/olew/1155899.

② 数据来源：南方网 http://www.micecc.org/gzmicecc/vip_doc/1881155.html.

以及中国（广州）国际家具博览会等展会规模继续保持世界同类展会第一，一些知名展会成为行业的“风向标”和“晴雨表”。近年来，广州已建成了一些大宗商品交易中心，涌现出网上广交会、采购商电子商务平台、震海批发网及环球市场等一批虚拟采购平台，为世界各地采购商与供应商对接提供了平台，使广州成为全球供应链体系中的重要采购中心。

（四）外籍人才吸引情况

第16届中国国际人才交流大会上发布“2017魅力中国——外籍人才眼中最具吸引力的中国城市”评选结果，广州再度入选前十名，自2011年以来第六次荣获此项殊荣。2017年，广州不断探索加大引进国外智力项目的实施，推进高端外国人才的集聚力度，实施国家外国人来华工作许可制度，开展国家级引智项目、广州市创新领军人才专项和广州市高端外国专家等一系列项目。广州实施的“广州市人才绿卡制度”，为来穗工作的高端外籍人才解决生活后顾之忧。值得一提的是，2017年12月举办的中国海外人才交流大会暨中国留学人员广州科技交流会吸引了来自美国、英国、德国、澳大利亚等世界各地的31个国家（地区）的3500多名海外人才参会，充分展现国家级海外人才交流平台的作用和影响力。

（五）亚太供应链体系的枢纽城市

广州的对外贸易进出口地区主要为亚洲、北美洲和欧洲，最大的出口市场依次为中国香港、美国、东盟和欧盟等地区，最大的进口市场依次为日本、欧盟、美国和东盟等地区。从出口主要产品流向区域来看，广州出口主要产品包括纺织制品、钢材、成品油及钻石等原材料，主要流向美国及欧洲等地区，服装、贵金属、家具、箱包、鞋、玩具及摩托车等消费品主要流向非洲、欧洲及美国等地区，自动数据处理设备及其部件、印刷电路、塑料制品、电线、电缆及自动数据处理设备的零件等中间品主要流向美国等地区。从进口主要产品流向区域来看，广州进口主要产品包括电感器及零件、二极管及类似半导体器、成品油、塑料等主要来自韩国等地区，飞机、汽车零件、计量检测分析自控仪器及器具等产品主要来自日本、美国和欧洲等地区，医药品、医疗仪器及器械等主要来自欧洲和美国等地区。广州对外输出商品类型依然以原材料和劳动密集型为主导的生活类消费品为主，进口商品则以技术密集型中间产品为主，在全球贸易格局产品供给结构有待优化。①

三、后疫情时期广州融入全球供应链的机遇与挑战

（一）挑战与机会

1．后疫情时期广州融入全球供应链的挑战

新冠肺炎疫情爆发是对战后全球化的严峻考验。疫情在全球爆发后，主要发达经济体以及重要跨国公司普遍意识到现有全球供应链体系在风险冲击下的脆弱性。长期以来，世界经济繁荣得益于经济全球化和区域一体化。在跨国公司、科技革命和信息技术驱动下，国际分工体系已经走向价值链分工，国际分工日趋细化，同时全球经济也更加相互依赖。在新冠肺炎疫情中，广州面临了全球供应链的危机与挑战。不少企业摸索着与海外上下游商家打交道的新方式，以平稳度过全球供应链危机。随着疫情在全球蔓延，用于芯片制造的板材、气体、液体等核心原物料，很大程度上由国外供应。比如，日本控制了全球硅片供应的50%以上，国内的芯片、半导体行业受到了巨大的影响。相比于原料断供造成的行业危机，一些地区受疫情影响而出现的物流阻断，也对企业造成困扰。一些企业的大量零部件运输往往依赖海运和空运，现在这两种渠道均面临停滞的风险。应对之策是，让无法直抵目的地的产品，辗转多个地方，最终取道他国入境。

2．后疫情时期广州融入全球供应链的机会

（1）全球供应链向中国转移。新冠肺炎疫情下，中国作为经济首先恢复的大国，为全球稳定了信心，为外商投资明确了方向。中国消费市场规模近年约6.3万亿美元，紧随美国6.9万亿美元规模之后。从国内和全球看，当前都是我国吸引外资的好时机。从国内看，中国在疫情防控中展示的制度优势已向外商证明这里是投资的优质保护地。中国美国商会调查显

① 张小英．广州建设全球供应链枢纽城市的路径研究[J]．城市,2018(01):25—34.

示，67%会员企业2020年将对中国再投资。2020年是《外商投资法》实施第一年，中国将有更多鼓励外资、加强知识产权保护的举措出台。新法实施首日，深圳前海即发出全国首批港资澳资营业执照，粤港澳大湾区今年还将有更多地方立法和制度创新吸引投资。从全球看，美国十年期国债收益率创历史新低，相关投资收益率出现较大波动，而中国没有降息且疫情日趋稳定，这会吸引更多欧美资金来华投资。中国比美欧有更多政策空间刺激经济，中国证券市场加快国际化，消费市场和科技发展改革红利突出，给了国际投资者更多的投资机会。

（2）粤港澳大湾区对全球供应链的吸引力增强。中国正脱离制造业中低端加工环节，高端制造、智能制造、大数据、新材料等高附加值产业将持续聚集。广东已显端倪，德国巴斯夫在广东投资100多亿美元建设德国外全球最大的化工基地，美国埃克森美孚也在此投资100亿美元建设石化基地。其次，产业集聚进一步带动技术资本和人才集聚。高端产业集聚，叠加供给侧结构性改革助推的产业结构升级，全球高科技企业和高端人才优选中国。粤港澳大湾区已拥有麻省理工在美国外的首个创新中心，大湾区内国际人才个税优惠等政策扶持日新月异，人才加速流入。再次，疫情将促使中国消费升级，高端康养、高端医疗等高端服务业也将进入中国市场。一招领先，招招领先。广东制造门类齐全，复工表现出色，市场需求旺盛，承接产业、人才等东移应当仁不让。[1]

（二）广州应对全球供应链的疫情挑战

1．出台更加精细化的供应链安全保障措施

为帮助企业渡过难关，2020年2月6日，广州正式发布了《关于支持中小微企业在打赢疫情防控阻击战过程中健康发展的十五条措施》，从加强金融支持、降低房租成本、减免/缓缴税费、实施援企稳岗、加大财政支持、开展暖企行动等方面，创新推出一批政策措施，支持广大中小微企业稳定生产经营、实现纾难解困。3月初，广州又印发《广州市坚决打赢新冠

① 数据来源：南方Plus https://3g.163.com/news/article_cambrian/F8TJU400055004XG.html.

肺炎疫情防控阻击战努力实现全年经济社会发展目标任务若干措施》，提出48条措施，既立足近期打赢疫情防控阻击战，又着眼全年及未来发展，推动经济高质量发展。在财税金融支持政策方面，统筹融资、信贷、保险等政策，帮扶中小企业应对疫情冲击，恢复区域产业链和供应链。针对大型外贸企业，保障供应链的安全，稳住供应链上下游的安全，协助企业处理可能出现的新贸易壁垒。支持广东自贸试验区和跨境电商试点城市发展外贸新业态新模式，帮助企业利用海外仓扩大出口，做大跨境电商和跨境服务贸易。面对疫情影响下的全球供应链变局，短期政策重点是稳住外贸基本盘，中长期政策要有利于实现供应链的安全性、稳定性和掌控力。

2．加强主要供应环节的区域布局

抓住后疫情时期全球产业链重塑的战略机遇期，大力实施区域协调发展战略和区域价值链升级战略，加强主要供应环节的区域布控。要加快粤港澳大湾区产业协同发展，实施“一核一带一区”协调发展战略，通过区域的垂直整合，加快形成具有全球竞争力的区域性完整产业链中心，巩固广东省电子信息、家电制造和石化产业在全球价值链的地位，保障产业供应链安全；发挥国内市场的规模优势和产业体系完备的优势，加强与国内其他区域发展战略对接，加强区域价值链建设，不断提升我省重点产业链的压力测试能力。要坚持开放合作的理念，加强与欧美市场合作，稳定现有的全球产业链和供应链，同时抓住RCEP（区域全面经济伙伴关系协定）谈判、中日韩经贸合作和“一带一路”建设加强新供应链布控，支持“走出去”企业加强区域价值链培育，优化区域供应链布局。①

3．以营商环境优势提高供应链的“黏度”

在全球供应链分工中，区域供应链的“黏度”取决于高端要素的集聚程度，而后者依赖于区域的整体营商环境。因此，应对疫情影响的全球供应链变局，关键是加快一流营商环境建设。要加快《外商投资法》和《优化营商环境条例》实施，完善相关配套行政法规。要更加重视贸易投资自

---

① 数据来源：广州日报 https://baijiahao.baidu.com/s?id=1663805933448757027&wfr=spider&for=pc.

由化，清除市场准入壁垒，施行无差别政策。要提高营商环境便利化水平，为外贸企业降低税费成本，同时实现无纸化运转，降低通关成本。扩大服务业开放，创造新的投资增长点。[①]

4．企业调整供应链体系

企业应迅速厘清当前产能及防疫情况，评估经营风险，全力保障正常运营。从人、物和措施三个方面加强疫情防控，减少因疫情导致企业经营不善的可能性。其次，梳理上下游情况，寻找可替代厂商，及时修复供应链。疫情期间，对于难以替代的供应商，应给予力所能及的帮助，降低由于核心供应商倒闭带来更加巨大的停产损失。在当前疫情致使全球供应链部分断裂的情况下，企业的当务之急是寻找可替代的原材料供应和销售渠道，及时修复供应链条。可优先考虑近距离或物流畅通的合作伙伴，减少因两地运输管制导致的物流不及时问题。最后，企业应尽可能采用线上协同和线上交易方式。在疫情冲击下，“新基建”被赋予了更多实际意义和价值，企业应加快转型，将自身融入以5G和AI等新技术为基础的智能供应链中，采用大幅度节约成本的数字化运营方式，随时掌握供应和采购信息，与上下游合作伙伴进行线上协同作业，科学有效地统筹供应链上下游的信息流、物流和资金流。[②]

四、广州打造全球供应链枢纽城市的发展路径

（一）建设跨国采购中心

国际知名的跨国企业采购中心的集聚可以提高所在城市在全球供应链体系中的地位和作用。把握跨国公司采购环节全球战略布局调整机遇，打造国际采购中心。一是加大引进跨国企业采购中心。推广普及供应链管理理念，

① 数据来源：南方新闻网 https://baijiahao.baidu.com/s?id=1663569160935146562&wfr=spider&for=pc.

② 数据来源：广州日报 https://gzdaily.dayoo.com/pc/html/2020—04/27/content_129663_695914.htm.

依托广州交易会等会展平台、各类专业批发市场、大宗商品交易中心及网上采购交易平台等优势，为跨国公司与广大供应商提供多元化采购交易平台；二是加快现代物流服务体系建设。继续加强以白云国际机场、广州港为依托的空港、海港国际货运枢纽功能，拓展综合铁路货运枢纽功能，加快完善物流基础设施和服务体系，形成多式联运的综合运输网络，不断增强进出口货物集散能力，推进智慧物流发展，提升现代物流服务水平。

（二）优化营商环境

市场活力的涌动，是营商环境优化的直观表现。对于一家企业来说，好的营商环境能够让企业发展轻装上阵，加速奔跑；对于一座城市来说，好的营商环境是吸引人力、物力、社会资本等生产要素流入的指南针，更是促进经济高质量发展的基石。围绕企业和群众最为关切的环节，着力减流程、减时间、减成本、优服务，解决营商环境最突出的问题。打造国际一流的营商环境、现代化国际化营商环境的“广州样本”，这是广州为经济高质量发展开辟的光明前景。

（三）加大科技创新

科技是第一生产力，但是如何解放和激发科技创新的巨大能量，需要全面深化科技体制机制的改革创新，不断破除科技领域的制度瓶颈和藩篱。一是拓宽“负面清单”，既是促进放权，遵循“无禁止，即可行”的原则；二是在内容上突破，放宽财政资金使用限制来促松绑；三是引导商业银行加大对科技信贷支持力度；四是加大科技成果产业化引导基金力度，引导投资资金进入科技创新领域。

（吴玮莹　刘泽森）

以金融科技战略投资
推动大湾区战略性新兴产业发展

随着世界经济格局的演变和产业结构的深层次调整，美国纽约湾区、美国旧金山湾区、日本东京湾区相继形成并崛起，历经港口经济、工业经济、服务经济、创新型经济四个阶段，分别以全球金融中心、硅谷高新科技、先进制造业闻名于世。粤港澳大湾区覆盖香港、澳门以及珠三角九市，是世界级城市群和世界工厂，制造业体系发达完善，整体处于工业化中后期。粤港澳大湾区是国内经济综合实力最强、产业融合与金融发展最为成熟的湾区，在先进制造业、金融创新、科技创新和国际贸易等方面发挥着领导作用，在产业与金融上融合了国际一流湾区的各项元素，市场化程度和区域合作程度具有国际领先水平。

目前，粤港澳大湾区产业结构以先进制造业和现代服务业为主，东岸基本形成了知识创新密集型产业带、沿海基本形成了生态保护型重化产业带，西岸基本形成了技术密集型产业带，金融、信息、文化创意、商务、贸易等高端服务业发展较快，正在形成先进制造业和现代服务业双轮驱动的产业体系。粤港澳大湾区正快速推进由工业经济迈向服务经济的产业转型升级，承接“中国制造2025”“新一代智能发展规划”“人民币国际化”等一系列国家政策利好；广州在汽车制造、重大装备制造业的高端制造业集聚基础上，正发展形成新一代IAB①、NEM②等战略性新兴产业，走

① IAB，信息技术（information Technology）、人工智能（artificial intelligence）、生物制药（biopharmaceutical）的简称，指新一代的产业。

② NEM，新能源（New Energy）和新材料（New Maferial）的简称。

向价值链中高端的集群式发展模式；2019年的国际金融论坛第16届全球年会上，广州南沙国际绿色金融服务基地、广州南沙国际绿色技术创新中心正式启动，并将合作设立绿色技术转移产业发展基金，南沙区对内依托中科院明珠科学园和系列基金，对外联系欧洲诺贝尔基金会和英国大地资本，把国内外最好的技术成果在南沙转化，做湾区最有活力的科创投资，集聚战略性新兴产业发展。

比如广州的人工智能独角兽企业广州云从信息科技有限公司（简称“云从科技”），于2015年3月在南沙区注册成立，拥有广州、重庆、成都、上海、苏州五大研发中心，中科院、上海交大两个联合实验室，及美国伊利诺伊大学厄巴纳—香槟分校和硅谷两个前沿实验室组成的三级研发架构，预计5年内总投资超过30亿元，实现50亿营收规模，企业处于高速发展时期，正计划申报科创板上市。按照省、市政府的工作部署，为推动云从科技优先将上市主体确定在南沙区，广州南沙金融控股有限公司于2019年8月完成对云从科技3亿元战略投资，未来将探索金融科技相关合作。推动大湾区战略性新兴产业集聚发展离不开金融资本的支持，本文就以金融科技战略投资案例为引子，从粤港澳大湾区战略性新兴产业的发展类型、发展模式和发展趋势进行研究，探析推动大湾区战略性新兴产业集聚发展思路。

一、战略性新兴产业的发展类型

战略性新兴产业的基本类型包括原始创新产业、二次创新产业和禀赋挖掘类产业。原始创新产业是指颠覆性全新产业，如研发新型产品或提供研发服务，英特尔、微软、IBM等，均从原始创新开始发展壮大；二次创新产业是指从外地引入先进技术进行二次创新的产业，如汽车产业，从国外引入先进技术并进行二次创新，生产出符合国人需求的民族品牌汽车。禀赋挖掘类产业是指对本地现有的产业基础进行禀赋挖掘发展的产业，如粤港澳大湾区人工智能产业，基于本地电子信息产业基础，进行禀赋挖掘升级本地产业结构和人工替代。

二、粤港澳大湾区战略性新兴产业的发展模式

（一）原始技术创新

深圳大疆是全球领先的无人机解决方案提供商，创始人汪滔热衷于航模，就读于香港科技大学时开发了一套直升机飞行控制系统，后来在深圳创办了大疆公司并开发云台（gimbal），通过机载加速计在飞行中调整方向，以便无人机拍摄的视频画面始终能保持稳定，成为消费级无人机市场的霸主。

（二）二次开发创新

过去，微波炉市场一直由格兰仕主宰，为切入微波炉市场蛋糕，佛山美的集团并购了日本三洋电器公司微波炉业务部门，将生产线迁移到我国并高薪续聘其微波炉业务部门工程技术人员，结合我国市场需求进行了技术改造开发，成功进军微波炉市场并受到广泛好评，市场份额不断提升。

（三）产业链中高端上移

（1）逆向并购上移。在汽车企业纷纷剥离非主业之际，深圳比亚迪"背道而驰"，2010年收购全球最大的汽车模具生产企业日本荻原馆林工厂，2003年收购国内最大的汽车模具制造中心北京汽车模具厂。通过逆向并购，比亚迪拥有了国际上先进的模具加工设备、制造技术和软件，开始为路虎、通用等国内外知名企业供货，最终向产业链中高端上移。

（2）品牌引导上移。广州珠江钢琴集团围绕品牌引导战略，在美国加利福尼亚州收购德国Rudisheimer研发中心和Herman Miller研发中心，利用"来自德国"的Rudisheimer品牌主攻美国高档钢琴市场，占领美国立式钢琴市场40%的份额。通过品牌引导战略，珠江钢琴集团每年有10～30个钢琴新产品投放市场，不断拉动产品链条往国际高端发展。

三、粤港澳大湾区金融科技产业发展趋势

金融科技可以提高效率、降低成本，在实现精准营销、个性化服务、定制服务方面具有先天优势，在推动行业创新、提升金融效率、降低成

本、提升资金安全等方面将起到较好作用。人工智能的深度学习技术辅助金融机构大大提高效率和精准度，同时，云计算和大数据在金融领域的应用，明显降低了金融产品设计开发的时间和精力成本。金融科技的趋势是平台化和精准化，平台化统一为金融服务场景提供解决方案，实现标准化和规模化效应，同时平台支持专业解决方案更好地应用于商业、生活，具有广阔的市场前景，吸引了巨额资本，金融科技投资成为全球增长最快的领域之一。粤港澳大湾区金融科技产业覆盖银行、保险、金融软件、P2P转账、众筹平台、第三方支付、供应链金融等领域，拥有多币种金融科技开发优势，在"智能投顾""金融大数据"等领域发展超前。粤港澳大湾区优越的经营环境和相对宽松的金融监管制度，有利于金融科技企业发展。在粤港澳地区大力发展金融科技产业，可以推动金融服务客户群真正下沉到广泛存在却长期受到忽视的中小微企业群体，其融资覆盖率有望从2013年的11%提升到2020年的30%～40%。

四、以金融科技战略投资，推动产业集聚发展

（一）设立专项基金支持前沿研究，加快融入世界创新网络体系

粤港澳大湾区是我国制造业门类最全、产业链最多、市场化程度最高的城市群，发挥广州南沙自贸区优势，吸引全球知名研究机构、跨国公司设立研发中心和区域总部，引进海外高科技项目和高端人才，汇集全球创新资源，与世界自然基金会、摩纳哥阿尔贝亲王基金会、英国皇家工程院、中国战略与管理研究会等国内外知名机构合作，设立专项基金，在金融科技、人工智能、数字经济、物联网、云计算、大数据、绿色创新技术等前沿科技领域发力，布局一批国际前沿技术中心，紧盯世界前沿技术、绿色技术，融入全球高端研发创新生产体系；利用QFLP[①]等创新工具、渠道，积极探索引进港澳及国际资金，促进大湾区金融市场融合，拓展相关

① QFLP，Qualified Foreign Limited Partner的缩写，即境外有限合伙人。

项目国际资金支持渠道，壮大金融科技产业发展，可以为粤港澳大湾区制造业赋能，进行禀赋挖掘，实现战略性新兴产业集聚发展。

（二）发挥投资杠杆作用，打造全球产业创新中心

粤港澳大湾区是为世界市场大规模提供电子信息产品的生产制造基地，既有国际化程度很高的龙头企业，也有大量创新能力较强的中小微企业，产业结构完善，产业协作水平较高，工业基础雄厚，已形成各具特色的产业园区和制造基地，城市之间创新科技合作成熟稳定，区域竞争力突出。粤港澳大湾区依托建设国家产业创新中心的契机，利用世界一流的电子信息硬件配套能力，统筹金融资源，发挥投资杠杆的作用，引导产业资本、金融资本支持金融科技、人工智能、移动互联等领域成为领先者，吸引全球高端产业要素汇聚，有助于粤港澳成为全球科技创新成果转化的首选地和全球高科技企业的聚集地，打造全球产业创新中心，力争成为世界第四次工业革命的重要策源地。

（三）适当支持本地企业全球配置资源，配套相适应的金融体系

粤港澳大湾区企业逐渐“走出去”，在全球配置资源和生产能力，要推动大湾区战略性新兴产业发展，需充分发挥粤港澳大湾区的制度优势，适当支持创新型企业在全球配置资源，提升粤港澳企业全球资源配置的能力和生产布局的能力；配套适应企业全球配资资源的金融体系，大力发展“金融、科技、产业”三融合，积极吸纳和集聚创新要素资源，布局高端高新产业，完善科技成果与产业需求对接机制和全球配资机制，发挥南沙自贸区优势，推动国外科技公司与国内产业方在南沙交流、融合、合作，实现技术在南沙区的产业化落地，最终打造从技术引进、转移转化、孵化、产品研发、金融投资等综合解决方案与链条式服务模式。

（庄希勤）

壮大新能源产业　建设先进制造业强市

能源是社会发展的物质基础，能源安全是城市安全的重要组成部分。广州作为粤港澳大湾区发展的核心引擎，要充分发挥国家中心城市和综合性门户城市的引领作用，认真贯彻落实习近平总书记“四个革命，一个合作”国家能源安全新战略和党的十九届四中全会“推进能源革命，构建清洁低碳、安全高效的能源体系”要求，加快新旧动能转化，促进能源企业转型升级、高质量发展。

一、广州市能源企业发展存在的主要问题

（一）能源供应保障能力不足，能源安全存在较大风险

近年来，随着广州市经济增长换挡调速，全市用电需求增长速度放缓的，如图1—1所示。从电力供应情况看，2018年广州市全社会用电量为936.91亿千瓦时，最高供电负荷为1719万千瓦，本地发电装机容量仅为630.8万千瓦，电力自给率仅为36.69%。深圳市全社会用电量为913.6亿千瓦时，最高供电负荷1720.8万千瓦，本地发电装机容量894万千瓦，自给率为51.95%。广州市电力供应主要依靠外地电力输入，本地电源支撑明显不足，若外地电力出现紧缺、输电线路受极端天气影响或出现故障时，广州市电力供应将受到严重威胁，安全保障存在较大风险。从天然气供应保障情况看，目前广州市没有大型天然气储气设施，应急气源主要依靠输配管网、终端气化站的储气作为调峰和应急气源，应急储气能力还达不到全市一天的平均用气量。燃气输配管网和天然气应急储备设施建设相对滞后，尚未形成全域互联互通天然气输配体系，天然气供应保障能力严重不足。

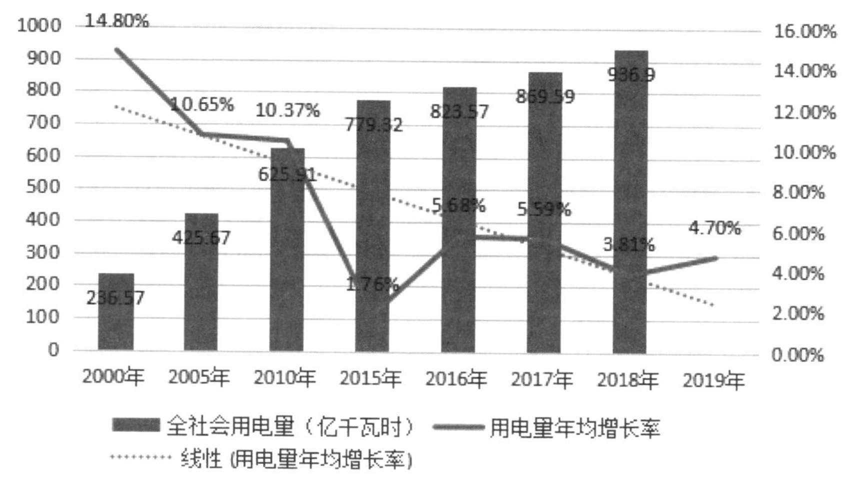

图1—1　2000—2019年广州市全社会用电量及增速

（二）清洁能源比例偏低，能源供应结构亟待优化

广州发展集团作为华南地区持续领先的大型清洁能源供应商之一，是广州市最大的综合能源公司。截至2018年底，广州发展集团可控装机容量为417.54万千瓦，其中：煤电314万千瓦，占75.20%，气电80.88万千瓦，占19.37%，光伏发电14.4万千瓦，占3.45%，风力发电8.26万千瓦，占1.98%。从整体情况看，气电、可再生能源等清洁能源发电装机容量比例偏低，能源供应结构亟须进一步优化。

（三）业务规模偏小，竞争优势不明显

广州发展集团是广东省大型骨干企业和广东省最大的地方性综合能源公司之一，发电装机容量方面，截至2018年底，可控装机容量417.54万千瓦，与排名全省第一的广东能源集团（可控装机容量为2095万千瓦）、第二的深圳能源集团（控股装机容量1029.61万千瓦）相比，容量规模分别仅为其19.93%和40.55%，装机容量存在较大差距，企业竞争力亟待增强。天然气规模方面，广州发展集团属下广州燃气集团是广州市城市燃气高压管网建设及天然气购销唯一主体，主要经营区域为中心城区以及黄埔、南沙、增城、从化的部分区域。与深圳市对比，广州市管道燃气供应企业较为分散，共14家，广州燃气集团并非广州市天然气的唯一经营主体，截至

2018年底，广州燃气集团管道气用户总数184万户，天然气销售量13.03亿立方米/年。深圳燃气集团是深圳市天然气唯一经营主体，管道气用户总数326.37万户，其中：深圳地区205.88万户，深圳以外地区120.49万户，深圳地区管道天然气销售18.11亿立方米/年（含电厂8.56亿立方米/年）。与深圳市相比，由于受非城市唯一经营主体以及市外燃气业务拓展规模等因素影响，广州燃气集团管道气用户数和用气规模、覆盖区域等方面均有一定差距，做优做强做大广州市能源企业任重道远。

二、广州市能源企业高质量发展对策建议

广州市能源企业要认真贯彻落实习近平总书记“四个革命，一个合作（能源消费革命、能源供给革命、能源技术革命、能源体制革命，全方位国际合作）”国家能源安全新战略要求，按照国家发改委、国家能源局制订的《能源生产和消费革命战略（2016—2030）》工作线路图，结合自身企业特点，从能源革命的高度谋划企业转型升级，努力实现高质量发展。

（一）加强能源基础设施建设，提升能源供应保障安全水平

重点推进天然气高压管网和应急储备设施建设。加强统筹协调，全力推进天然气高压管网四期工程和广州LNG应急调峰气源站项目建设，提高对上游气源的接收能力，力争提高储气调峰能力的提升速度以及广州市天然气需求增速，化解天然气应急保障突出矛盾，提升天然气安全稳定供应水平。探讨燃气企业高压管网城际互联互通。利用粤港澳大湾区规划发展契机，发挥广州—佛山极点带动作用，加快燃气高压管网广佛同城化建设，探讨广州燃气和佛山燃气、南海燃气的高压管网城际互联互通，进一步优化广佛天然气管网布局，提高管网整体利用效率，降低管网输配成本，提升区域能源供应安全水平。

（二）持续优化能源供应结构，推动企业规模化发展

推进天然气清洁能源发电项目建设。推动实现能源供应增量需求主要依靠清洁能源，加快推进珠江LNG电厂二期2台9F级燃气蒸汽联合循环机组（2×60万千瓦）以及太平能源站、明珠能源站等一批天然气分布式

能源站项目建设，不断拓展天然气应用领域，有序推进楼宇式分布式能源站建设。推进可再生能源高比例发展。大力发展风电、太阳能，加强本地风资源的开发利用，拓展分布式光伏发电项目，扩大可再生能源发电装机容量规模。同时，加大对外地优质风电、光伏发电项目的投资并购力度，提高可再生能源装机容量比例。加速能源产业区域布局，壮大能源企业规模。立足广州国家中心城市区位优势，发挥广州市能源企业与南方电网、广东省电力交易中心等机构同城优势，加快在大湾区、全省、全国以及"一带一路"沿线国家的能源产业布局，利用广州国际影响力和区域辐射力，加强在上游国际气源、电源建设、能源工程管理和综合服务等方面合作，推动以广州市能源企业为主体设立大湾区天然气交易中心，为能源企业从传统能源供应向开展大宗能源贸易跨越发展奠定基础，不断促进能源企业快速壮大发展。

（三）坚持创新驱动发展，推动企业转型升级

加大清洁、低碳、高效利用能源领域技术研发和创新力度。推进传统能源清洁高效利用，加快现役煤电机组升级改造，通过实施污泥耦合参烧、节能降耗改造等措施，推动实现传统燃煤电厂主要污染物排放基本达到燃气电厂排放水平。探索研究可燃冰（天然气水合物）、氢能以及其他新型绿色低碳能源开发技术。加强能源与现代信息技术深度融合，全面建设"互联网+"智慧能源。拥抱5G时代，应用物联网、大数据、区块链等前沿技术，推动能源生产管理和营销模式变革。不断加大智能燃气表等开发利用力度，挖掘海量燃气用户数据资源，重塑产业链、供应链、价值链，增强发展新动力，推动广州智慧城市建设。探索能源综合服务商业模式。融通电网、热网和气网，提供冷、热、电、燃气等多种能源供应，为相关企业的厂区、设备等提供合同能源管理、综合节能咨询等服务。

（徐剑衡）

发展供应链金融　服务制造业产业链

为加快推进工业现代化，提高制造业水平，根据广州市先进制造业发展及布局第十三个五年规划（2016—2020年），到2020年规模以上工业总产值年均增长6.5%以上，到2020年达到2.6万亿元，将增长0.73万元；先进制造业增加值占规模以上制造业增加值比重达到70%，将增长0.51万亿元。制造业发展及转型升级、成果研发转化以及制造业产业重组均需要大量的资金，因此金融业在广州制造业的发展转型升级中应责无旁贷地发挥支持作用。

一、金融服务业制造业现状

（一）制造业面临的成本制约

制造业是现代经济的基础行业，是国民经济的主要支柱，人民生活的物质保障，是推动社会经济发展的重要力量。新中国成立70年以来，从最初的“一穷二白”，发展成为今天的“世界工厂”，中国制造业已取得巨大的发展成就。按照联合国工业发展组织的数据，中国22个制造业大类行业的增加值均居世界前列，其中纺织、服装、皮革、基本金属等产业增加值占世界的比重超过30%，钢铁、铜、水泥、化肥、化纤、发电量、造船、汽车、计算机、笔记本电脑、打印机、电视机、空调、洗衣机等数百种主要制造业产品的产量居世界第一位。可以说，我国已经从新中国成立之初贫弱的农业国转变成一个拥有世界上最完整产业体系、最完善产业配套的制造业大国和世界最主要的加工制造业基地。

然而在经历了几十年的快速发展之后，我国制造业现阶段也面临着一些制约因素，其中税负、融资等成本居高不下，融资难融资贵是近年来我国制造业发展面临的一个突出问题。《中国经济时报》开展的问卷调查和实地调查结果表明，税费负担偏重、金融对制造业支持缺乏公平、资源能源环境及物流成本上升成为当前影响我国制造业进一步开放和优化的主要因素。2006—2016年的十年间，我国制造业的贷款比重从25%下降到16.2%。受此影响，我国制造业投资增幅从2012年起持续下滑。投资不仅关系当期经济增长，而且关系新动能的培育生成，对优化供给结构起着关键性作用。投资的疲弱低迷，对我国制造业的优化升级形成了严重制约。

（二）金融服务于制造业现状

金融是现代经济的血脉，金融畅则实体兴。金融服务实体经济的重点在制造业，难点也在制造业。而制造业融资难融资贵已是近年来不争的事实。这一现象的背后主要有两方面的原因：

一方面是在传统金融的融资体系下，企业融资渠道单一，融资途径少。我国实体经济80%以上的融资额是通过银行贷款、公司债券，以及股票来完成的。这三种融资方式的顺周期特征非常明显。在经济增长良好的时期，企业效益改善；银行贷款风险低，贷款意愿高，资本市场上也乐于投资债券和股票；金融体系支持实体产业发展作用突出。然而，一旦经济增长乏力，存量竞争加剧时，企业效益下滑；银行贷款风险高，可能开始控制贷款，甚至会抽贷，资本市场对债券和股票也不再热情，金融体系开始远离实体产业，加剧实体产业的发展困难。另外，在所有融资方式中，我国融资结构以银行贷款为主，此结构较为适合高速增长的经济，然而，在我国经济增速逐步下降，经济质量逐步上升的新常态背景下，融资手段同样也需要改革创新，与时代同步发展。

另一方面的原因是传统金融的融资门槛高。传统金融所针对的服务对象以大企业为主，因为大企业的资信好，资产优质，贷款风险小；中小企业由于天生底子薄弱，不受金融机构青睐。在传统金融模式中，银行以“好的资产负债表”为评估基础，同时企业大多需要以固定资产为抵押，尤其是不动产，以进行贷款；这些要求的集中体现就是融资难。另外，传统银行信贷产品设计的思路是维持一种简单的资金借贷关系，以一个或几个简单、机械的信贷产品“水平式”覆盖不同细分市场及交易主体的需求，不能为不同交易层次和交易地位的主体度身定制专门的融资方案；这些因素的集中表现就是融资贵。在传统金融模式下，融资企业一般处于弱势地位，融资速度慢、成本高，资金运转效率低。为制造业融资，尤其是为制造业中的中小企业融资，已成为我国制造业发展亟须解决的一个问题。

二、广州市先进制造业金融需求

目前，广州制造业发展呈多主体、高集聚度、加速转型创新等特点，制造业的持续发展为金融行业也带来广阔空间，强化金融支持制造业发展是金融机构发展的战略需要。现阶段，广州先进制造业金融需求呈下如下特点：

（一）综合化金融需求

制造业属于资金密集型企业，现阶段广州制造业的资金需求主要用于长期技术改造项目以及短期营运资金，主要包括技术研发、厂房构建与改造、设备购置等。融资需求主要以传统的银行融资为主，采取的融资担保方式主要为保证、信用担保，合计为48.6%，比房地产抵押担保高出1.8个百分点。

（二）差异化金融需求

不同规模的制造业企业对金融需求存在一定差异；制造业的不同发展项目对融资需求也存在一定差异。根据习近平总书记视察广东工作讲话精神，制造业要向自主创新，掌握核心技术方向奋斗。支撑广东经济发展的传统制造业已面临结构老旧、技术落后的问题，技术研发将成为制造业金融需求主要项目。项目技术融资需求主要以短期贷款为主，整体资金需求量较大。现阶段，制造业以技术改造以及设备投资为投资发展方向，以中小微企业为主，可提供的抵质押担保物相对较少，因此中小微企业对融资的简洁便利要求较高；而大型制造业发展规模较大，抵/质押担保物质量较高，因此在融资模式以及融资期限错配的方面要求较高。

（三）创新性金融需求

当前国际经济金融环境变化较快、贸易摩擦持续演变的环境，推动制造业转型升级，加速国际化工业产业发展既是我国经济向中高端水平发展的有力举措，也是提高国际竞争力优势的关键抓手。根据2013年以来工业企业新产品产出情况（见表1），广州市与佛山市的工业新产品出口值不断增加，尤其2015年以来，每年的出口增加值约以1.5倍的速度提升，出口值的倍速增长引发出口型先进工业企业对跨境金融、离岸金融的需求增加；同时，对比广州与佛山的新产品产值近乎相同的情况，佛山的工业企业新产品出口值平均高于广州市的2倍，这说明广州市在工业企业投资项目、技术研发等方面的金融支撑能力提出更高要求，进一步促进工业企业新产品能效的提升。

表1　广州市、佛山市工业企业新产品产出情况

单位：亿元

年份	类别	广州	佛山	年份	类别	广州	佛山
2013	新产品产值	2646.71	2179.18	2016	新产品产值	3989.34	3027.75
	出口	244.65	568.60		出口	465.25	762.81
2014	新产品产值	3001.72	2727.39	2017	新产品产值	4388.93	3635.34
	出口	260.48	637.38		出口	600.94	846.48
2015	新产品产值	3319.18	2533.05	2018	新产品产值	4840.70	4098.19
	出口	284.45	634.44		出口	638.61	866.36

三、金融支持广州市先进制造业发展存在问题

从广州市与佛山市的近十年国民经济指标数据来看（见表2），广州市近十年GDP总值增长率为150.85%，第二产业增长率为83.64%，近十年第二产业平均比重为33.10%；佛山市近十年GDP总值增值率为106.10%，第二产业增长率为84.81%，近十年第二产业平均比重为60.98%，广州市的

工业化比重远低于佛山市，佛山市第二产业对GDP的平均贡献率是广州市的1.8倍。

表2　广州市、佛山市近十年国民经济主要指标数据表

（单位：亿元）

广州市				佛山市			
年份	GDP 总值	第二产业	第二产业比重	年份	GDP 总值	第二产业	第二产业比重
2009 年	9112.76	3394.65	37.25%	2009 年	4820.9	3037.69	63.01%
2010 年	10748.28	4002.27	37.24%	2010 年	5651.52	3653.18	64.64%
2011 年	12303.12	4532.52	36.84%	2011 年	6210.23	3870.95	62.33%
2012 年	13551.21	4713.16	34.78%	2012 年	6613.02	4113.34	62.20%
2013 年	15420.14	5227.38	33.90%	2013 年	7010.17	4340.36	61.92%
2014 年	16706.87	5606.41	33.56%	2014 年	7441.6	4602.17	61.84%
2015 年	18100.41	5786.21	31.97%	2015 年	8003.92	4839.47	60.46%
2016 年	19610.94	5925.87	30.22%	2016 年	8630	5110.09	59.21%
2017 年	21503.15	6015.29	27.97%	2017 年	9398.52	5424.65	57.72%
2018 年	22859.35	6234.07	27.27%	2018 年	9935.88	5614	56.50%

从广州市与佛山市规模以上产值比较来看（见表3），佛山市近10年来规模以上工业总产值增长率为90.57%，广州市的增长率为60.28%，佛山市近10年来规模以上工业总产值增长率比广州市高30.29个百分点。

表3　广州市、佛山市规模以上工业总产值对比

（单位：亿元）

年份	广州市	佛山市	年份	广州市	佛山市
2009 年	11376.76	11711.28	2014 年	18193.55	18796.65
2010 年	13831.25	14527.47	2015 年	18684.22	19544.95

（续上表）

年份	广州市	佛山市	年份	广州市	佛山市
2011 年	15712.72	14425.03	2016 年	19570.43	21187.32
2012 年	16066.43	14653.96	2017 年	20929.65	21015.53
2013 年	17198.72	17121.88	2018 年	18234.91	22318.49

对比广州市与佛山市制造业整体发展结合，立足金融服务地方实体经济，广州市金融支持建设先进制造业强市还存在以下问题：

（一）有效金融供给不足

从银行角度而言，由于受到经济环境下行以及中美贸易摩擦的影响，制造业发展放缓，经营环境较为困难，且大部分制造业企业的利润较低，盈利情况难以覆盖贷款利息，银行提供的信贷资源难以得到有效保障，造成银行贷款获批较难的实际情况，使得制造业获得的有效金融供给不足，难以满足融资需求。同时，由于制造业前期不良贷款较多，在2013、2014年出现爆发期，不良率远高于银行不良贷款平均水平。行业不良贷款的增加以及企业债务违约现象经常发生，由此造成银行业对制造业的贷款审批更为审慎警惕。

（二）企业融资成本较大

部分中小微制造业企业，难以直接从银行获得融资，只能以支付高额中介费或者承担较高利息的方式，从中介公司或者民间融资渠道获得高成本融资，逐步形成恶性循环融资结构，进一步造成融资成本增大。以广州市为例，据不完全统计，一方面，部分制造业企业借助于中介公司以8%左右的名义利率在银行贷款，但是综合手续费、介绍费、评估费、担保费等中介费用，实际的融资需求利率约为12%，个别高达30%。另一方面，部分中小微制造业企业需通过民间融资渠道保证销售回款与偿债支出错配，所需费用一般为贷款本金的5%以上。

（三）特色化金融服务较弱

制造业企业不断加大“一带一路”国家的投资力度，逐步扩大市场份额，根据《2018中国企业跨境并购特别报告》显示：2017年中国企业海外并购100强的TOP10的制造业就占了5宗，交易金额占总金额的59%。制造业转型发展的融资需求呈多元化，对产业基金、并购贷款、跨境金融等需求持续增加，但目前金融产品相对单一，未能提供制造业转型发展的特色化金融服务。佛山市在此方面，推出了特色化金融服务，以政府、园区、科研单位、资金等主体搭建平台，成立风险创业基金玉平台、“六个一”金融产融新路径。目前已设立了安信德摩牙科投资基金、广东猎投基金、国科蓝海投资基金等6支产业基金，极大地促进佛山市制造业发展及转型。

四、供应链金融助力制造业转型升级

国家发改委等15部门于2019年11月15日联合发布《关于推动先进制造业和现代服务业深度融合发展的实施意见》，要求提高金融服务制造业转型升级质效。依托产业链龙头企业资金、客户、数据、信用等优势，发展基于真实交易背景的票据、应收账款、存货、预付款项融资等供应链金融服务。供应链金融是金融机构把核心企业及其上下游企业联系在一起，提供灵活的金融产品和服务。供应链金融最大的特点就是围绕核心企业，以核心企业的资信为与其贸易的中小企业提供信用支持，提高中小企业的资信水平，减低金融机构向中小企业融资的风险，真正实现为供应链资金薄弱环节（中小企业）提供融资服务，解决供应链资金失衡问题。

供应链金融具有三个显著的特征：一是收入自偿性，融资与企业的具体贸易密切相关，企业有了实实在在的贸易，金融机构才为该笔贸易提供融资，而还款资金的来源又来自该笔贸易回收的资金，贸易背景的特点是具有自偿性；二是交易结构闭合性，在整个供应链融资的链条中，通过交易主体、交易节点、交易关系和交易流程的控制来实现资金流和物流的闭合，资金和货物在供应链条中实现良性循环；三是管理垂直性，供应链金融着眼于全链条，围绕产业链所有成员的需求开展融资活动，为链条中资金薄弱环节的企业提供资金支持，优化供应链的运转，同时进行管理的专业化分工。总的来说，供应链金融着眼于整条供应链，通过收入自偿性控制、交易结构闭合优化、垂直性管理，提供系统化的金融服务。

与传统信贷的融资模式不同的是，供应链金融能够为企业提供产业链上相应节点的融资服务，从而提高营运资金的周转能力。根据业务的不同节点，大体可以分为订单采购、存货保管、销售回款三个主要阶段。

（一）订单采购阶段

订单采购阶段对应预付款环节，采购方为购进原材料或成品需要先垫付大额的资金，在成品销售出去之前，资金无法实现回收，中小企业可能在订单采购环节面临巨大的资金压力。在供应链金融模式下，基于真实存在的订单，位于上游的核心企业为下游的小企业提供资信担保，金融机构为下游采购企业提供融资，并以所采购的产品销售回款作为还款来源，万一在还款出现困难时，上游核心企业承担相应的责任，既降低了金融机构的风险，也降低了下游小企业的融资难度。以白酒产业为例，其模式如下：

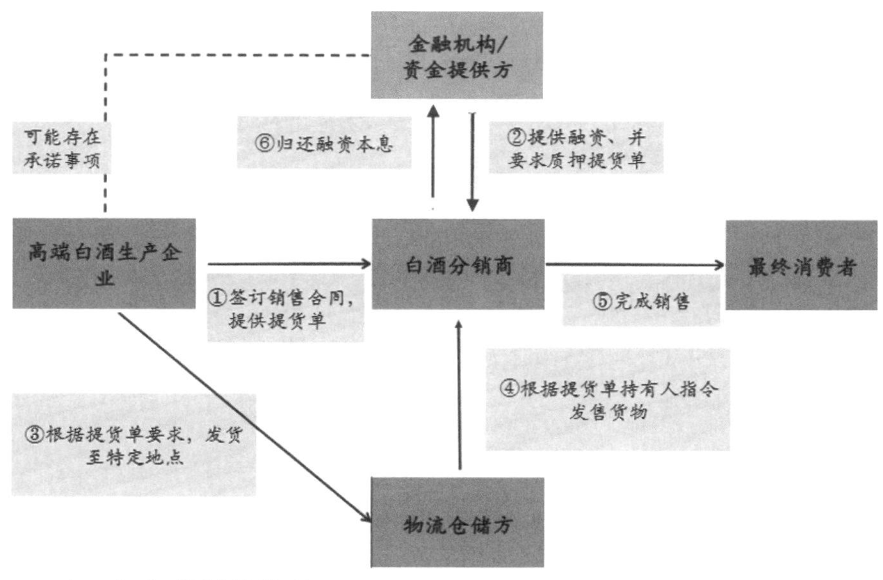

（二）存货保管阶段

从采购、生产完成到销售完毕，货物已存货的形式处于企业保管之下。存货实际上是对公司现金流的占用。企业若希望尽早实现资金回笼，可以货物质押进行融资。

供应链金融产品包括仓单质押融资、动产质押融资等可以为企业实现存货质押融资。资金需求企业将存货仓单质押给金融机构，金融机构获得以仓单标的物为质权，并依此提供资金支持，同时借助外部物流仓储企业实现对货物的监管，已确保对标的物的把控。还款来源来自于货物的最终销售回款。

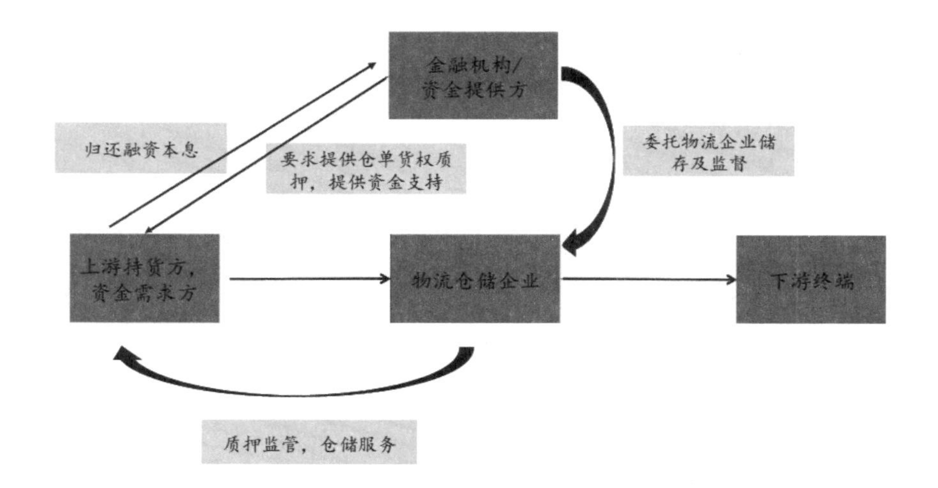

（三）销售回款阶段

货物销售后形成应收账款，付款方一般享有一定时间的账期，而销售方往往具有加快销售回款的需求。为实现销售方的快速回款，企业可以将应收账款质押给金融机构，从金融机构处先实现资金回流，提高资金利用效率。企业最终的应收账款回收将作为早前融资的还款来源。以医药产业为例，其模式如下：

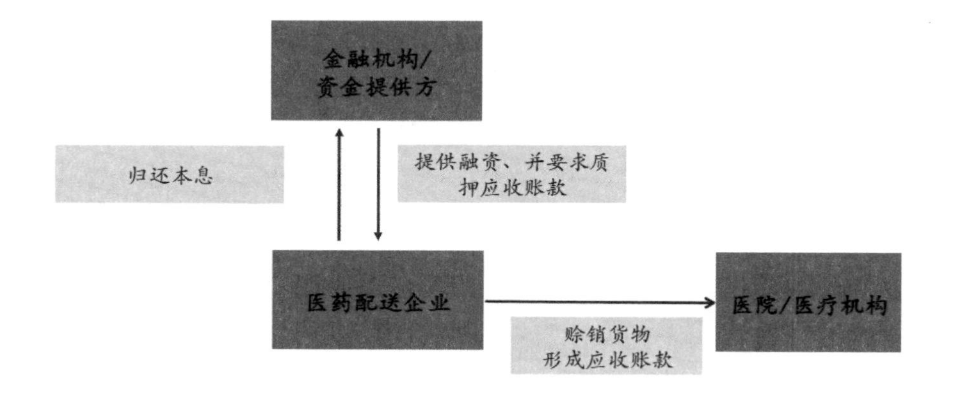

五、发挥金融杠杆效应，推进广州市先进制造业高质量发展的建议

（一）强化政府政策引领，向先进制造业倾斜

1. 加大对金融企业财政支持力度

一方面，优化对于制造业服务化转型的税收政策。发挥好“营改增”积极作用，避免企业重复征税、减少企业纳税负担，加速制造业与服务业的分工协作、融合发展。同时对高端服务业给予一定的税收政策倾斜，降低制造业从事高端服务业的门槛。另一方面，加强政府对制造业服务化的财政支持力度。把服务型制造业作为专项重点支持对象，通过为重点支持项目提供专项财政资金支持，加快广州市制造业发展进程。

2. 健全金融信息交流机制

一方面，为制造业企业提供多元化风险保障。鼓励保险行业开发知识产权保险、科技保险等保险业务；引入政策性融资担保基金担保能力较弱的先进制造业的融资资金在一定比例范围内进行专项补偿；针对先进制造业特点，创新性设计专利、股权、知识产权的专项抵/质押担保办法等；另一方面，建设信息共享机制，将政府、工商、税务等各领域属于整合在同一平台，同时引入具有决策资质的咨询专家，强化解决信息不对称问题。

3. 协调推进金融差异化监管

一方面，建立灵活监管制度。在支持制造业发展进程中，金融机构推出较多的业务创新线上融资产品对制造业提供资金需求。线上产品为了便利性考虑，实践中难以完全满足监管要求，监管部门可以考虑到小微企业对于资金效率的需求，给予适当的灵活监管。另一方面，在风险可控前提下，通过调整贷款损失准备等相关监管指标，为制造业腾出更多信贷投放空间。

（二）加强资本市场支持，拓宽企业融资渠道

为更好地服务于先进制造业发展，强化金融服务实体经济能力，金

融机构可以建立产业链条融资服务，深化先进制造业与金融科技的融合发展。打造以大型企业为首的核心产业链条融资业务，同时延伸至企业的上下游，完善整体资金链。同时，鼓励企业加大创新投入，综合创业投资基金、风险补偿基金、财政贴息贷款等方式，引导社会资本参与科技创新。

（三）创新金融服务模式，提升专业化服务水平

实施“金融+先进制造”行动计划，推广大型制造设备、生产线等融资租赁服务，加大对《广州市先进制造业重点发展目录》中确立的先进制造业发展重点领域的支持力度，引导政策性、开发性、商业性金融资源与符合制造业企业进行产融结合，创新产品和业务。支持符合条件的制造业企业在境内外上市融资，到全国股转系统和广州股权交易中心挂牌，鼓励发行各类债券融资工具。加大对风险投资、私募股权、资产证券化、保险产品和服务的创新，拓宽制造业企业融资途径。

（四）开拓创新发展辅助模式

1. 互联网辅助模式

基于供应链金融创新性与服务性特点，互联网具快捷高效和受众面广特点，供应链金融应与互联网手段结合，可使供应链金融打造成全民参与的普惠金融。主要可借助互联网平台，实现以供应链金融参与主体的特点和需求进行个性化定制，并运用大数据还原产业链中的各种场景，形成产业与金融迭代模式。

2. “区块链”辅助模式

通过区块链技术的运用，供应链金融主体可方便快捷地获取产业链中参与主体的信用状况、经营情况及财务状况等信息，以极低的成本获得信任与价值的有效传递，提高供应链金融业务的运作效率和风险管控能力。

（黄程亮　洪素丽）

第二章 提升城市枢纽门户功能

▲ 优化广州南站功能　服务重大发展平台

▲ 优化白云国际机场规划　增强国际交通枢纽功能

▲ 优化国铁城际建设投融资模式　增强核心竞争力

▲ 推动跨境电商产业发展　壮大产业发展枢纽

优化广州南站功能　服务重大发展平台

广州南站是华南地区最大的铁路枢纽，是支撑粤港澳大湾区全面合作的重要门户枢纽。近年来，随着客流量的持续高速增长，高峰客流需求已超出设计能力，并因此引发了停车难、接客难、脏乱差等一系列问题，严重影响了广州南站的门户形象。为了更好地满足高强度客流的集散需求，提升广州南站地区的整体形象，一方面需要继续增设交通衔接设施，优化各类交通设施布局，提升枢纽客流的集散效率；另一方面需要配套开展周边地块的综合开发，用以筹集交通设施建设运营资金，同时发挥南站枢纽对区域经济的带动能力，形成以铁路枢纽为核心的高质量、高效率城市功能区。为了加强交通设施布局完善与地块综合开发的统筹协调，现开展了本次专题调研。

一、广州南站交通设施布局现状

（一）广州南站概况

广州南站位于番禺区西南部，是华南地区最大的高铁枢纽站，设计旅客发送量为35万人次/日。2019年7—8月日均到发客流量60.8万人次，国庆期间单日发送铁路旅客41.3万人次，为全国单一铁路站点历史最高水平。

广州南站是国家推进粤港澳大湾区建设、支撑大湾区全面合作的重要门户枢纽，汇集有多条轨道交通线路。除已通车的京广高铁、贵广高铁、南广高铁、广珠城际以及广州地铁2号线、7号线以外，广州南站未来还将新开通2条城际线（广佛环线、佛莞城际）以及3条地铁线路（广州地铁7号线西延线、22号线、佛山地铁2号线），目前上述轨道线路均已开工建设，其中广佛环线、佛莞城际、广州地铁7号线西延线计划于2020年通车，佛山地铁2号线将于2021年通车，广州地铁22号线计划于2022年通车。

随着各条轨道线路的建成通车，广州南站的枢纽功能将得到进一步完善，依托便捷轨道网络，1小时内可覆盖香港、澳门等粤港澳大湾区10个城市；5小时内可覆盖上海、重庆等国内主要区域中心城市；8小时可达首都北京。因此，预计广州南站未来的客流量仍将持续快速增长。

（二）交通设施布局情况

广州南站的交通衔接设施包括地铁线路（地铁2号线、7号线）、公交场站、出租车场、长途客运站、小汽车停车场，除地铁站厅位于站体负一层外，其余交通衔接设施分布于站体周边地块。其中，公交场站设置于南站西广场南侧，总面积为1.4万平方米，开行有27条公交线路；出租车场位于西广场，分为上客区及蓄车场两部分，上客区占地面积为0.36万平方米，上客泊位20个，蓄车场总面积1.92万平方米，蓄车泊位552个；长途客运站位于东广场北侧，用地面积1.6万平方米，建筑面积2.43万平方米；小汽车停车场共有11处，总停车泊位5689个（铁路用地范围8处，泊位数4229个；外围停车场3处，泊位数1460个，见图1）。

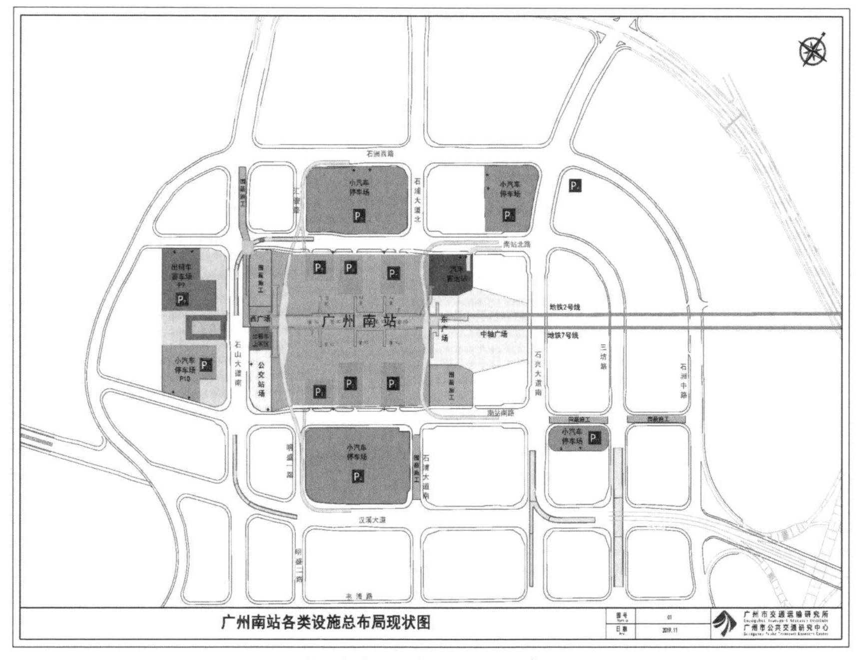

图1　广州南站交通设施布局现状

（三）综合开发现状

广州南站自2010年投入运营，由于周边区域规划一直尚未稳定（广州南站周边地区规划修编于2019年12月才通过市规委会审议），导致土地的综合开发滞后于铁路枢纽的发展。根据统计，广州南站核心地区居住、办公等综合开发用地面积达到97公顷，除去现状保留的39公顷以外，可出让用地面积总共达到58公顷，目前已出让地块仅6公顷，占比仅为10%。随着规划修编成果顺利通过市规委会审议，预计下一步广州南站周边土地综合开发的进展将会得到加速。据了解，目前未出让地块中，约50%用地已完成土地整备工作，可进行出让。

二、存在的主要问题

目前，广州南站周边交通设施布局及综合开发主要存在以下几个方面的问题：

（一）交通衔接设施分散布局，造成交通组织混乱

广州南站的交通衔接设施布局较为分散，其中长途客运站位于东广场，而公交场站、出租车场位于西广场，小汽车停车场则在站体各个方向均有布设。由于衔接设施布局分散，加上站体出入口众多（共计32处出入口），造成配套交通指引、交通组织极为混乱，交通衔接换乘效率低下。

（二）交通衔接设施规模难以满足衔接需求

近年来，广州南站客流量快速增长，其中，2019年国庆期间最高日旅客发送量已达到45.1万人次，超出原设计发送能力（35万人次/日），原设计配套的交通衔接设施不能满足铁路客流的集散需求，小汽车停车场、出租车场、公交场站等高峰时期均处于满载状况，车辆排队等候进场现象严重。

（三）交通衔接设施未采用立体式开发建设

广州南站铁路枢纽采用“上进下出”的立体式交通组织方式，但配套的交通衔接设施基本均为平面布置，一方面造成交通用地利用率低下，设施规模无法满足运营需要；另一方面导致各类人流在平面层进行集散组织，人车交织问题较为突出。

（四）配套交通设施难以实现与铁路枢纽的无缝衔接

广州南站配套的各类交通衔接设施未能与铁路枢纽同步进行整体规划、整体建设，目前除地铁外，其余配套的交通衔接设施均难以实现与铁路枢纽进行无缝衔接，各类交通设施衔接效率与服务水平低下，造成大量旅客选择小汽车进行接驳。

（五）交通设施的建设与地块的综合开发未能统筹协调

例如因地铁与地块综合开发未能同步开展，地铁线路建成通车后，受到地基处理的影响，地块配套的综合开发将难以按照计划顺利实施，此外部分地块为了满足综合开发的需要，造成原有设施频繁拆建调整，严重影响了旅客出行。

三、交通设施优化及综合开发的对策建议

针对目前广州南站存在的主要问题，借鉴其他铁路枢纽的相关经验，现提出以下对策与建议：

（一）交通功能是南站综合开发首先要保证的先决条件，采用西侧交通、东侧商务模式，合理统筹好交通设施优化与综合开发的关系

交通枢纽的规划建设，应当优先考虑交通衔接设施的合理布局，同类设施尽量同侧布设（例如常规公交与出租车），这是交通枢纽高效运作的前提与保障。此外，依托铁路枢纽开展综合开发，还应当重点关注铁路集散客流与综合开发产生的商业商务客流的交织问题。

针对广州南站目前因各类设施分散布局，导致各类交通流线相互交织，交通组织混乱无序的问题。建议结合广州南站东、西两处广场，对各类交通衔接设施以及商业商务开发进行合理的统筹布局，其中交通衔接设施重点集中布设于西广场，东侧主要用于商业商务开发，实现“西侧交通，东侧商务”的布局模式，基于这种布局方式进行交通组织，一方面方便了各类交通流在西广场实现一体化换乘，另一方面有效的实现交通流与商务流相分离。

在地块的开发建设方面，广州南站则应当坚持交通优先的原则，继续

完善交通衔接设施，增加各类交通衔接设施规模，提升交通承载能力，满足客流量持续增长的需要。在此基础上，以交通设施的承载力为前提，适当的控制综合开发规模，将综合开发对交通枢纽运作的影响降至最低，并实现交通供需平衡。

（二）推进交通设施立体化建设，利用西广场建设一体化的综合交通中心，实现各种交通方式的无缝衔接

大型枢纽客流量大且换乘需求量极高，各类人流车流在平面空间进行组织，必然造成交通组织混乱。为此，有必要推进交通衔接设施的立体化建设，分层组织各类客流，避免相互交织。综合考虑广州南站周边用地条件，为了促进铁路枢纽与各种交通衔接方式一体化换乘，建议在广州南站西广场建设综合交通中心，并依托综合交通中心，将常规公交场站、长途客运站、出租车场、小汽车场集中布设。旅客出站后，可借助人行通道直达综合交通中心实现多方式换乘，这种通道式管理可有效避免人流在站体内无序穿插。

（三）加强交通指引系统精细化设计，提升广州南站的交通组织效率

客流量大、交通组织复杂是各大交通枢纽所共有的特征，为了保障高强度的客流在有限的空间范围内实现高效率的运作，必须做好交通指引的精细化设计。目前广州南站交通指引由于缺少一体化、精细化的设计，造成站内站外衔接不畅，给旅客出行带来了极大的不便。借鉴国内外大型铁路枢纽经验，建议结合枢纽体的建设与综合开发，继续完善交通指引系统精细化设计，通过精细化的交通指引系统，一是实现站体内外的交通组织衔接；二是实现各种交通方式的无缝换乘；三是实现交通流与商务流的有序分离。

（四）以铁路枢纽为核心，形成多圈层、多组团式用地布局结构，打造面向粤港澳大湾区全面合作的门户枢纽

广州南站目前为全国客流量最高的铁路枢纽之一，依托便捷的轨道网络，1小时可覆盖大湾区核心城市，5小时可覆盖国内主要区域中心城市，具备强大的对外辐射能力，可以作为带动周边区域经济发展的重要引擎。

为了更好地发挥广州南站辐射带动能力，建议积极推进广州南站周边土地的综合开发，以交通枢纽为核心，打造多圈层、组团式的用地布局结构，全面增强广州南站周边的商务、办公、产业功能，引导广州南站及周边地区从简单的交通集散枢纽，向大湾区高端要素全球配置的门户枢纽进行转型。

根据用地布局及交通网络，广州南站周边综合开发形态共可分为三个圈层，其中第一圈层为铁路枢纽的核心组团，是铁路枢纽的直接辐射范围，可通过高强度的综合开发，完善高端商务服务，打造总部经济制高点；第二圈层位于核心圈层外围，定位为产业及服务组团，重点发展信息技术、人工智能、生物医药等新兴产业，配套居住服务功能，吸引全国高端技术人才集聚，创造高端产业新高地；最外围为配套协同发展圈层，为核心组团发展提供支撑，同时借助核心组团的带动能力，实现经济产业的转型与快速发展。

基于多圈层、多组团式的用地布局结构，广州南站周边36平方公里范围内，总计可形成超过3000万平方米建筑规模的城市组团，其中居住规模以及商业商务规模均超过1000万平方米，可以为34万居住人口提供完善的城市服务，并将新增超过28万个就业岗位，预计将能够充分发挥广州南站的引擎功能，带动广州市社会经济持续快速发展。

（沈颖）

优化白云国际机场规划
增强国际交通枢纽功能

国家战略布局和总体规划近年来大力强化广州的交通枢纽地位，着力利用广州的区位优势和发展基础提升其国际连通度。响应国家部署安排，广州市2018年11月出台《广州综合交通枢纽总体规划（2018—2035年）》，提出广州建设国际综合交通枢纽"路线图"。2019年，中共中央、国务院陆续出台的《粤港澳大湾区发展规划纲要》和《交通强国建设纲要》，进一步为广州高质量建设国际综合交通枢纽提供了顶层设计和重要指引。广州白云国际机场（简称"白云机场"）作为广州城市辐射射线中心，是广州建设国际综合交通枢纽城市的重要突破口。随着这一重大战略步伐的深入推进，加快推动白云机场综合交通枢纽建设成为题中之意与当务之急。

一、白云机场发展现状与问题

白云机场是国内三大航空枢纽之一，从粤港澳大湾区的层面来看，白云机场位于湾区北缘，背靠南中国广阔腹地，面向粤港澳大湾区，拥有理想的发展空间。从广州市的层面来看，白云机场位于广州市北部，距离广州北站约10公里，距离广州站约27公里，距离广州南站约45公里，空铁联运能力不高。通过调研分析，白云机场在联通接待能力、轨道系统衔接、道路系统衔接等方面存在以下问题：

（一）全球联通能力不足，门户功能有待加强

白云机场现状已建成两座航站楼和三条跑道，2018年旅客吞吐量6974万人次，货邮吞吐量189万吨，均位居全国第3位。受跑道数量、航站楼容量、空域资源不足等条件制约，白云机场的客运量即将达到T1、T2航站楼设计承载的8000万人次上限，接待能力提升遇到瓶颈。据了解，白云国际机场2018年共开设国际航点88个，占航点总数的40%，与香港、北京、上海浦东等国际机场相比，国际航点比例偏低。机场客流来源主要集中在珠三角一带，国际客流比例较低，国际通达性及中转能力有待提升。

（二）轨道衔接布局偏弱，空铁联运亟须完善

白云机场现状无高铁接入，联系最近的广州北站需要30～40分钟，广州南站换乘至机场需要1小时以上，尚未形成便捷的空铁联运体系。现状接入白云机场的轨道交通仅有地铁3号线，且燕塘站以南至广州东站段已超饱和，与城市重要片区、交通枢纽联系效率偏低。

（三）客流集散依靠机场高速，集疏运体系待完善

白云机场客流集散主要依靠机场高速，机场高速作为白云机场对外连接的主要通道，其南段已处于过饱和的状态。未来白云机场客货运量将持续增长，集疏运系统必然出现容量不足的问题，成为阻碍白云机场发展的瓶颈。

二、原因分析

（一）客流集中广佛两地，机场服务范围有限

粤港澳大湾区是全国航空航线最密集的地区，在不足200公里的狭长范围内，汇集了香港、广州、深圳、珠海、澳门等五大民用机场，白云机场的发展面临着多方面的挑战。受到区位和现状交通条件的限制，白云机场客流来源主要集中在广佛地区（广州68%，佛山13%），其他城市占比较低（清远5%，珠江两岸其他城市7.6%），服务范围有限，更需要集中解决好主要客流区域的出行需求问题。

（二）机场无高铁、城铁配套导致空铁联运规模低

白云机场位于京广客专和京广铁路东侧，与全国铁路网联系不够便捷。且机场并未设置铁路站场，与既有站场换乘也不便利。现状全市铁路枢纽与机场缺乏便捷的专门快速联系通道，空铁联运未得到有效的设施支撑。全市四大铁路枢纽的空铁联运规模较低，日均空铁联运规模仅约0.44

万人次，仅占铁路枢纽客运总量的1.4%，其中广州南站、广州北站空铁联运规模相对较低。

（三）机场周边高速公路网需重新规划

白云机场位于中心城区的北部，通过机场高速、华南快速等高快速路可联系都市区主要功能组团，实现1小时覆盖中心城区、2小时可到达广州最南边的南沙港。但从白云机场集疏散角度来看，存在进出机场通道单一、机场东西向快速通道不足等问题。机场高速是进出机场的唯一快速通道，也是机场旅客主要的集散通道，在承担服务机场功能的同时，也承担了花都区与中心城区联系的功能以及部分过境功能。机场东西向与花都、增城、知识城以及北向与从化的高快速路联系较少，周边高速公路网需要结合白云机场远期规划进行拓展。

三、国内外先进案例借鉴

（一）法国戴高乐机场

戴高乐机场位于巴黎东北部，距巴黎市中心约25公里。该机场是世界最繁忙的机场之一。机场现状有4条跑道和3座航站楼，其中1、3号航站楼相对而立，相距约1公里，2号航站楼位于另一侧。

道路交通系统方面：机场同巴黎市中心城区主要依靠A1、A3两条高速公路联系。机场周边形成了内环+外环的道路网络，外层是由四条高速公路围成的大环路，既可以实现机场与其他区域的快速连通，又可以屏蔽过境交通，实现客货运的快速集散。

空铁联运方面：戴高乐机场在2号航站楼路下设置火车站，与区域快铁系统以及高速铁路系统相连，现状引入了1条高铁线路和一条市郊铁路，乘客可以通过通道和自动扶梯直接搭乘开往巴黎或法国及国外其他城市的列车。巴黎还计划修建戴高乐机场快线，将连接巴黎东站和东北郊的戴高乐机场，预计2023年建成，届时从戴高乐机场2号航站楼至巴黎东站仅需20分钟。

（二）上海虹桥机场枢纽

虹桥枢纽距离市中心约13公里，是上海城市“枢纽型、功能性、网络化”综合交通体系的重要枢纽节点。自运营以来，虹桥枢纽客流规模增长迅速，资源集聚效应凸显，成为国内外综合交通枢纽规划、建设及运营的典范。统计数据显示，2017年虹桥综合交通枢纽旅客吞吐量日均约80万人次，日高峰数据突破设计容量值110万人次。其中，虹桥机场现有2座航站楼、2条跑道，以国内航线为主。

空铁联运体系：虹桥机场与高铁站合建，形成了空铁联运系统。虹桥枢纽空铁一体化的出发点是为旅客出行提供更便捷、多样的出行选择。虹桥国际机场和虹桥高铁站分别位于虹桥综合交通中心东西两端，相距约600米，中间为地铁、磁浮站台换乘区间。虹桥高铁站引入了京沪高铁、沪宁城际铁路、沪昆铁路、沪汉蓉高速铁路、沪杭甬客专以及沪杭城际铁路等多条铁路线，设有16台30线，是华东地区规模最大的铁路客运枢纽，2017年日均客流量全国排名第一。这使得虹桥综合交通枢纽成为了以高铁和航空并重的交通枢纽。

四、广州建设白云机场综合交通枢纽的对策建议

白云机场作为国际航空枢纽，要求打造以机场为核心的“世界级、一体化、高品质”的综合交通运输系统，实现民航、高速铁路、城际铁路、城市轨道、高速公路等多种方式无缝衔接的“立体化交通”，促进粤港澳大湾区交通基础设施的互联互通。通过分析存在的问题和原因，借鉴国内外先进的案例，建议从以下四方面完善白云机场综合交通枢纽体系：

（一）加强组织领导，提升综合统筹

建议广州市牵头组建白云机场综合交通枢纽建设指挥部，统筹协调解决枢纽建设过程中遇到的各种问题。建议争取省政府和铁路部门的支持，将主要项目纳入省、市重点项目，进一步加快实施进度。

（二）力推机场扩容，提升服务能级

亟须协调省机场集团，尽早策划布局T3航站楼建设，以满足服务能级的提升。根据白云机场相关规划文件，预计2025年左右机场旅客吞吐量将超过1亿，远期仍会有一定上升，2035年约达到1.3亿，机场扩容迫在眉睫。

（三）发展空铁联运，拓展机场腹地

首先，将高速铁路、城际轨道引入T3航站楼交通中心并设火车站，打造无缝衔接的空铁联运。其次，建设联系白云机场与广州北站的空侧捷运系统，借助广州北站铁路枢纽，进一步发展空铁联运。依托完善的空铁联运系统，实现湾区各城市在1小时内可到达白云机场，打造湾区“一小时陆侧交通圈”。

（四）完善集散系统，缩短时空距离

完善白云机场对外道路和轨道系统，实现白云机场人流、物流的快速集散，拉近机场与城市各组团的时空距离。实现机场与主城区、南沙副中心的快速联系，支撑广州市“国际航运中心、物流中心、贸易中心和现代金融服务体系”的建设。一是增加地铁等城市轨道交通衔接。到达机场航站楼的市域轨道2～4条，并采用快慢结合的形式，设置机场专线轨道交通。二是加快推进机场第二高速公路建设，为中心城区与机场连接增添快捷通道，推进花莞高速、从埔高速、花莞高速东西延长线、增佛高速等一批辐射大湾区的高速公路建设，加强白云机场与城市各组团间高快速通道联系。通过增加集散系统，可以加强白云机场与城市重要交通枢纽的衔接，形成空空、空铁、空海联运的快速通道，也可以加强白云机场与湾区机场群间高快速通道联系，实现白云机场与香港国际机场、深圳宝安机场、珠三角新干线机场等之间的互联互通。

着力构建以白云机场为核心的城市综合交通枢纽，实现空铁联运，加强白云机场快速集疏运体系建设，打造一批 “零换乘、一体化”的广州现代化综合交通枢纽典范，构建高效便捷的现代综合交通运输体系，高水平建设综合交通枢纽，是推动广州交通实现高质量发展，构建“安全、便捷、高效、绿色、经济”的现代化综合交通体系的重要举措，这将是广州贯彻落实中央部署精神，实现老城市新活力、“四个出新出彩”中贡献出的广州智慧和广州方案。

（黄鹏）

优化国铁城际建设投融资模式增强核心竞争力

一、广州作为国际性综合交通枢纽的定位

当前，广州市正以习近平新时代中国特色社会主义思想为指导，深入学习贯彻党的十九大、十九届四中全会精神和习近平总书记视察广东重要讲话精神，落实创新、协调、绿色、开放、共享的发展理念，着眼“一带一路”建设、交通强国战略、粤港澳大湾区规划等国家战略，以拓展国际交通功能为核心，提升运输服务品质为准则，打造开放式、立体化、智慧型综合客运枢纽和多式联运综合货运枢纽，将广州建设成为引领现代交通发展的全球交通枢纽。

根据《国务院关于印发“十三五”现代综合交通运输体系发展规划的通知》（国发〔2017〕11号）要求，着力打造广州作为国际性综合交通枢纽，强化国际人员往来、物流集散、中转服务等综合服务功能，打造通达全球、衔接高效、功能完善的交通中枢。按照《粤港澳大湾区发展规划纲要》的定位，广州要充分发挥国家中心城市和综合性门户城市引领作用，全面增强国际商贸中心、综合交通枢纽功能，培育提升科技教育文化中心功能，着力建设国际大都市。

这些目标的实现都需要互联互通的基础设施做支撑，推动形成布局合理、功能完善、衔接顺畅、运作高效的基础设施网络，助力粤港澳大湾区经济社会发展。以连通内地与港澳以及珠江口东西两岸为重点，构建以高速铁路、城际铁路和高等级公路为主体的城际快速交通网络，力争实现大湾区主要城市间1小时通达。加快广汕铁路建设，适时开展广州经茂名、

湛江至海安铁路和柳州至肇庆铁路等区域性通道项目前期工作，研究广州至清远铁路进一步延伸的可行性。为贯彻落实上述战略发展目标，我市目前正抓紧推进国铁、城际等轨道交通综合枢纽建设。

二、广州国铁城际发展建设中的短板

广州铁路枢纽是全国重要的、华南地区最大的铁路枢纽，目前拥有京广、广深港、贵广、南广、广深Ⅰ和Ⅱ线等5条高（快）速铁路及京广、广深Ⅲ和Ⅳ线、广茂、广珠4条普速铁路，境内铁路运营里程达到297公里。既有9条铁路干线向东南西北四个方向延伸，形成了现状广州铁路枢纽的对外铁路通道，构建了普速铁路与高速铁路分离的“人+X”字结构。在建铁路有广汕高铁、南沙铁路、东北货车外绕线，广汕高铁通过联络线与在建赣深高铁相连。2018年，广州枢纽（不含佛山西站）共完成1.34亿人次，约占粤港澳大湾区完成铁路客运总量47%。既有广州铁路枢纽衔接的9条干线中，除贵广、南广高铁通过能力尚有一定富余外，其他京广、广深、广茂铁路以及京广高铁、广深港高铁能力都处于紧张或饱和状态。与广州国家重要中心城市的定位以及建设国际性综合交通枢纽的要求相比，广州铁路枢纽的线网建设存在对外通道标准不高、密度不足、布局有待完善等问题，是制约我市综合交通高质量发展的短板之一。主要是以下3方面：

（一）广州国铁对粤港澳大湾区外辐射标准不高、通道不顺畅

其一，广州与东南亚、东盟的通道标准不高。南广高铁作为我市向西联通的主要铁路通道，技术标准仅为200千米/小时，且规划为客货两用通道，通行时间较长。广州至南宁、昆明高铁通道受制于南广、云桂铁路技术标准，至南宁需要3个小时以上、至昆明需7个小时（比绕行贵阳多1个小时）。其二，广州与成渝城市群通道不顺。目前，广州至成渝城市群高速铁路通道由贵广—新渝黔构成，受制于贵广、新渝黔铁路技术标准，通道开行动车为250千米/小时系列，至成都需9小时、至重庆需7小时。其三，广州北上通道已饱和、运能不足。目前，广州北向对外通道主要为京广铁路和京广高铁。其中，京广高铁全长2298千米，设计速度为350千米/小时，最短运行时间为8小时。2018年，京广高铁现状行车量已达到140余对，线路能力利用率超过85%，接近饱和。其四，广州与长三角联系不通畅。广州至上海高速铁路通道目前由京广—沪昆高铁构成，通道绕行长沙，距离较长，运行时间在7小时左右。同时，京广高铁、沪昆高铁通行能力已经非常紧张，难以满足广州市与长三角城市群之间的快速直达轨道交通需求。其五，广州与海西经济群联系标准较低。广州至海西经济群高速铁路通道目前由广深港高铁—厦深铁路构成。其中，厦深铁路技术标准偏低，仅为200千米/小时，运行时间将近12小时。此外，广深港高铁能力饱和，近期已开行142对列车，线路能力利用率达到81%，没有富余的能力。

（二）广州国铁城际对粤港澳大湾区内轴线支撑不强

其一，香港、澳门客流未进入中心城区。广深港高铁、广珠城际仅能连通广州南站，从广州南站换乘地铁、公交等市内交通方式仍需要超过1小时。其二，广珠走廊尚未有高铁。粤港澳大湾区珠江西岸地区包括澳门、珠海、中山和江门，是大湾区发展的重要区域，但现状西岸主要客运铁路仅依靠技术标准200千米/小时的广珠城际铁路。其三，广深走廊城际客流时效性较差。广州南站距离城市中心区较远，接驳时间较长，难以满足城际客流高时效性的要求；广州东站现状开行的广深动车能力较为饱和，高峰期一票难求。其四，既有线网对南沙区国家级新区的地位支撑不足，仅有现状的广深港客专、在建的南沙港铁路及深茂铁路，远离南沙核心区，黄埔区作为我市东向发展的重要极轴，目前尚无高铁车站，高铁服务存在缺位。

（三）广州铁路枢纽合理协作机制尚未形成

其一，目前仅有广州南站到发动车，“五主三辅”的铁路枢纽格局尚未形成。其二，枢纽缺乏互联互通，广州南站与中心城区车站间没有联络通道，无法实现通道；广州站与广州东站之间仅为两线，能力受限；广州西至广州站区间仅为单线，枢纽向西辐射能力严重不足。其三，既有枢纽能力受限，难以适应未来新线引入。广州、广州东、广州南、佛山西等主要客站能力不能满足发展要求。广州南站处于枢纽南段，目前日均发送客运量已超20万人次/日（接近设计最大客运量），预计至2040年发送客车对数接近600对，无法引入新建线路；广州站、广州东站位于中心城区，规模有限且扩建条件困难；佛山西站地处枢纽西面，远离广州中心区，且为高架车站，没有扩建条件。随着近、远期深茂铁路、广汕高铁、京九客专、广湛高铁等客运干线引入和既有客运线路客运量增长，上述客运站能力难以满足需求。

三、国铁城际铁路投融资模式分类分析

铁路项目存在投资额度大、回收期长、盈利能力较弱等特点，投融资模式往往成为项目可行性决策的关键，成熟的投融资模式对于项目的成功具有重要意义。根据资金来源的不同，铁路相关交通行业投融资模式一般可分为两类，政府投融资模式和市场投融资模式。

（一）政府投融资模式

政府投融资的主体是地方政府或代表政府从事投融资活动的具备法人资格的国有独资企业。政府投融资模式的资金来源主要有两类。

1. 政府财政出资

相关项目建设资金完全由政府财政投资，项目主体仅负责前期建设和后期运营，而不用操心资金的募集。由于早期相关交通行业建设项目的特点是盈利能力较低，较难吸收社会投资，因此基本都采取政府直接投资建设。比如北京的1、2号地铁线就是由政府独立出资建设的。在此模式下，地方政府是投资的唯一主体，融资成本很低，管理简洁，资金来源可靠。政府作为职能机构，能够便利地协调各方之间的关系和问题。此模式的缺点也十分明显，政府财政压力过大，背上沉重的包袱，同时不利于引进先进的企业管理模式，缺乏有效的市场化激励机制，运营效率低下。

2. 政府债务融资

当前我国政府债务融资的主要方式有融资平台贷款、发行债券、外资贷款等方式。政府债务融资具有资金募集程序简洁、资金到位迅速等优点，对缓解政府财政压力起到积极作用。但也有很明显的缺点，政府债务

融资缺乏整体性设计和规范监督机制，债务透明度较低，加重地方政府债务负担，融资平台自身建设不规范等，同时由于企业股权单一，仍存在政府财政出资的相关企业管理模式问题。

（二）市场化投融资模式

市场化投融资是指以公司制企业代替政府作为市场化投资的主体，企业以盈利为目的，依据企业信用或项目收益为基础，以商业化融资为手段筹集资金并加以运用的金融活动。为吸引企业和财团的投资，政府一般采取给予一系列特殊优惠政策的方式，包括交通政策和土地使用开发政策等，创造良好的项目融资环境，降低项目融资成本等措施。市场化投融资模式可分为企业信用融资方式和项目融资方式两部分。

一是企业信用融资。企业信用融资以企业信用为基础进行各项融资活动，主要包括商业性贷款、股权融资、公司债券、融资租赁等。二是项目融资。项目融资是目前比较通行的融资模式，主要以合资成立的股份制项目公司为主体，在政府的支持下，以项目自身的财产权益及未来的收益作为募集资金的责任担保来融通资金。常见的铁路相关交通行业项目融资模式包括BT（建设—移交）、BOT（建设—经营—移交）、TOD（公共交通导向型开发）、PPP（在公共基础设施领域政府和社会资本合作）、ABS（资产证券化）等。

综上所述，政府投融资模式主要的优势就是能够借助政府良好的财政和信用，迅速筹措资金，操作简单灵活，见效快，可靠性高；劣势主要是对政府财政有很大压力，同时不利于企业经营机制的转变、引入先进的技术和管理理念。市场化投融资模式主要的优势就是通过吸纳社会资本参与基建，减轻政府的财政依赖和压力，有利于转化企业经营机制；劣势是操作复杂，可靠性相对较低，同时受企业规模和资质等影响，融资能力有限。国外发达国家在投融资方面，除了政府投资以外，更多采用的是以吸引社会资本的市场化投融资方式。而且相对国内运作时间早，有很多的成功经验积累、法律法规支持和专业人员。对于交通行业的基础建设投融资，BT、BOT、TOD、PPP等项目融资方式国外都有采用，但较多采用的是PPP公私合营的方式。相对于其他融资方式，PPP模式具有工作周期短、投资方风险小、高效率、分配合理等优势而成为主流融资模式。

四、广州城际铁路投融资模式优化建议

根据国铁城际的投资层级以及国家、省、市投资合作模式，广州目前在国铁城际建设中，有较大自主权限的投融资职责主要是基于国铁城际场站综合体的建设展开，从而促进广州与省、国家在大湾区国铁城际线路建设中的合作。当前，广州正在统筹推进38个国铁、城际场站综合交通一体化工程项目建设，且大部分国铁、城际站点将在2019年至2023年间陆续建成投入使用。可以预见在未来5年内将是综合交通枢纽一体化工程的投资建设高峰期，单独依靠政府投资模式或市场投资模式难以满足项目建设资金需求，必须在结合国内实际和国外经验的基础上客观分析，通过创新项目投融资模式，吸引、鼓励社会资金投入，分类解决不同项目的投融资。

（一）投融资模式重点考量因素的建议

1. 开展投融资模式研究

国铁城际站点场站综合体范围的项目体系策划与投融资模式相互影响、相互制约，需针对城市配套交通设施项目（即综合交通枢纽一体化工程项目）或包含城市配套交通设施项目在内的组合项目开展投融资模式研究，同时各类设施及其征地拆迁可予以组合进而形成场站综合体项目体系策划方案。

2. 建立相应机制，准确估算轨道交通的外部效益

将轨道交通建设带来的外部效益通过一定的方式估算出来，并运用到城市轨道交通建设运营中，实现外部效应内部化。同时，加强对PPP投融资模式下社会资本方投资、收益的监管，建立合理的受益者负担制度。

3. 完善政府对PPP投融资模式下社会投资的补助制度

现行国内PPP模式下，对社会投资不足的部分，政府单纯强调政府补贴，这样不仅不利于特许经营公司的市场化运作，还容易造成政府与特许经营公司的纠纷。政府应不断完善对PPP投融资模式下社会投资的补助制度，从允许投资者进行广告、商业及房地产开发等各项优惠政策吸引社会

的多元化投资。

4. 建立PPP投融资模式的相关配套制度，更好地吸引社会资本加入

目前国内的政策、法规已不太能适应未来 PPP 投融资的需求，因此迫切需求为 PPP 投融资模式制定相应的法律保障和政策机制，为 PPP 融资发展提供政策法规支持，扩大社会资本的稳定预期，增强社会资本进入的积极性。

5. 完善回收投资方式

在城市配套交通设施日常性经营收入与支出基本平衡的前提下，对于前期投资难以平衡的项目，可以通过分享二级开发收益、土地储备机构支付征收补偿款、场站综合体综合开发用地作价注资等方式回收投资。同时确定其土地出让金（或楼地面价）时应考虑非法定配建的建造成本。

（二）投融资模式建议

根据上述重点考量因素的分析建议，综合各种投融资模式的适用条件、场站综合体的项目体系构成、城市配套交通设施项目（即综合交通枢纽一体化工程）的投资建设运营管理主体、资金来源渠道、财政资金占比、运营补亏保障程度，在下表给出投融资模式建议（见表1）。

表1　投融资模式的比较与建议

投资主体	政府投资		PPP 模式		企业投资	
投融资模式	政府直接投资模式	政府注入资本金模式	PPP（不配置综合开发）模式	PPP（配置综合开发）模式	企业投资交通设施模式	企业配建交通设施模式（“土地＋配建”模式）
适用条件	没有综合开发	有综合开发	没有综合开发且投资规模较大	有综合开发且综合开发价值及体量不足以支撑配建枢纽一体化工程相关设施；投资规模较大	有综合开发	有综合开发且综合开发价值及体量可以支撑配建枢纽一体化工程相关设施
项目体系	①枢纽一体化工程（含征拆及主体工程建设）	①枢纽一体化工程（含征拆及主体工程建设）②土地收储项目③综合开发项目	①枢纽一体化工程（含征拆及主体工程建设）	①土地收储项目②枢纽一体化工程PPP 项目（含综合开发）	①枢纽一体化工程（含征拆及主体工程建设）②土地收储项目③综合开发项目	①土地收储项目②综合开发项目（配建枢纽一体化工程相关设施）
财政资金比例	100%	≥ 20%	≥ 0%，≤ 10%	≥ 0%，≤ 10%	0%	0%
运营补亏保障程度	无需承担债务融资，保障程度高	运营补亏机制不明确，保障程度低	通过 PPP 合同明确市财政可行性缺口补助职责，保障程度高	通过 PPP 合同明确市财政可行性缺口补助职责，保障程度高	运营补亏机制不明确，保障程度低	无需承担城市配套交通建设投资，保障程度高

推动跨境电商产业发展
壮大产业发展枢纽

一、基本情况

2013年9月，广州市获批成为全国六个跨境贸易电子商务（简称“跨境电商”）服务试点城市之一，并于2015年11月通过国家海关总署组织的联合验收。2016年1月，广州市成为全国第二批国家跨境电商综合试验区城市之一。依托白云机场综合保税区、南沙保税港区、广州保税区等海关特殊监管区域，以业务模式创新为重要抓手，广州市在推动跨境电商产业发展方面先行先试、成效显著。自获批跨境电商试点城市以来，广州市跨境电商进出口业务稳步发展，2014年到2017年连续4年业务总量居全国首位。2018年全市跨境电商进出口246.80亿元，增长8.4%，排全国第二。2019年1月至10月，广州市跨境电商进出口额308.1亿元人民币，同比大幅增长52.1%，其中出口95.2亿元人民币，同比增长170.3%，进口212.9亿元人民币，同比增长27.2%。

二、跨境电商产业发展优势

（一）初步形成较好的产业基础

广州是全国跨境电商业务模式最齐全的城市，经过几年的快速发展，已成功开展网购保税进口（B2B2C）、直购进口（B2C）和零售出口（B2C）等业务，正在探索推进B2B出口和特殊区域出口（B2B2C）等业务模式；企业数量多、类型齐全，备案开展跨境电商业务的企业接近2000家，全国知名的电商平台均已在广州开展跨境电商业务；备案商品类型多样、覆盖面广，可通过广州进境的跨境电商商品备案项数超过10万种，贸易往来覆盖欧盟、美国、英国、澳大利亚、加拿大、日本等国家和地区。目前，广州跨境电商已形成了空、海、陆、邮齐头并进的局面，全市业务发展整体态势良好，其中，白云机场综保区是全国跨境电商业务模式最丰富和灵活的区域。

（二）毗邻港澳，有天然的地理优势

广州地处广东中南部，濒临南海，毗邻港澳，位于粤港澳大湾区“A”字形结构的顶端和中部，区位优势明显，素有中国“南大门”之称，是我国对外交往、国际贸易的重要口岸，也是华南地区的海陆空交通中心。凭借天然的地理优势和优良的营商环境，广州对外交往密切，与全球220多个国家和地区保持贸易往来，有世界上最丰富、最齐全的商品和原材料市场，每年两届广交会以及近千个不同的展会吸引全世界众多客商。随着港珠澳大桥的通车运行，广州与港澳的交通联系更加便捷，将进一步推动广州发挥粤港澳大湾区核心引擎作用。

（三）综合交通枢纽为产业发展提供良好的保障

广州拥有世界级空港、海港和四通八达的铁路、公路交通网系：白云机场航线网络已覆盖全球220个航点，2018年旅客吞吐量6974万人次、货邮吞吐量189万吨，居中国第3位、全球第13位；广州港通达全球200多个港口和城市，货物吞吐量6.12亿吨、集装箱吞吐量2191万标箱，列全球沿海港口第5、第7位；广州是中国铁路四大客运中心之一，广深港高铁连通全国高铁网络；广州是全国公路主枢纽之一，数十条高速公路和国道、省道通达全国各地。广州作为国际综合交通枢纽，正不断强化全球资源配置能力，为跨境贸易创新发展提供良好支撑。

三、打造跨境电商枢纽的重要意义和挑战

（一）重要意义

1. 有利于进一步提升广州对外开放的层次和水平

加快推进形成跨境电商枢纽，充分把握新型跨境贸易模式迅猛发展的机遇，顺应国际贸易未来取向及我国对外贸易发展趋势，将不断扩大广州对外开放格局，争取在未来国际贸易发展中掌握更大的话语权，是广州落实“四个走在全国前列”、当好“两个重要窗口”的重要一环。

2. 有利于进一步焕发“老城市新活力”

依托跨境电商枢纽这一产业创新平台，推动创新要素自由流动和聚集，使创新成为高质量发展的强大动能，增强发展环境的吸引力和竞争力，将助推广州在综合城市功能、城市文化综合实力、现代服务业、现代化国际化营商环境方面出新出彩，焕发传统贸易城市的新活力。

3. 有利于进一步巩固提升广州商贸城市地位

以打造跨境电商枢纽为切入口，基于粤港澳大湾区机场群和珠三角领先的交通配套条件，优化布局全球贸易、物流网络，形成国际贸易发展的“广州模式”乃至“大湾区模式”，将助推广州在粤港澳大湾区建设中进一步发挥国家中心城市和综合性门户城市的创新、引领作用。

（二）面临的挑战

在国内跨境电商业务发展初期，广州跨境电商业务量曾占全国的7成，产业发展的良好基础条件已经市场论证。同时，广州推动形成跨境电商枢纽也面临重大挑战：一方面，国内城市间跨境电商发展竞争日益白热化，目前已有35个城市获批成为跨境电商综合试验区，国内近200个海关特殊监管区域均已可开展跨境电商网购保税进口业务。虽然广州跨境电商业务还不断扩张，但是跨境电商“领头羊”的地位正逐步被弱化，抢抓当前发展机遇，加快形成跨境电商产业发展枢纽迫在眉睫。另一方面，跨境电商产业迅速发展，对业务模式、监管政策、服务平台的创新有着更高的需求，广州目前还未能及时地很好地满足产业发展需要，迫切需要针对这一方面的营商环境进行大胆的改革创新。

四、问题分析

目前，随着国内消费升级和我国拓展“一带一路”为首的新兴市场，跨境电商进出口有关市场需求正不断扩大，跨境电商行业及相关电商平台正处于快速发展期，2018年我国跨境电商交易规模同比增长超过25%。为推动、促进跨境电商行业整体发展，国家近年来陆续出台税收和监管创新政策，推动建设一批跨境电商综试区，预计跨境电商交易规模在我国进出口总额中的占比在2020年将提高到37.6%[①]。在当前国内跨境电商年交易规模已突破10万亿的背景下，推动形成跨境电商产业发展枢纽既正当其时，但从广州和行业发展的实际情况来看，存在以下几方面的问题：

（一）监管政策相对滞后

目前，国内跨境电商相关政策改革创新的进度与业务的发展程度不相匹配。其中进口方面，自2016年4月8日国家跨境电商新政实施以来，跨境电商与其他贸易方式的保税物流监管政策已趋于一致，长期没有创新和突破式进展，同时还有跨境电商特有的个人交易限值政策作为限值；出口方面，监管部门对跨境电商零售出口商品上游税收监管态度不明确，导致企业普遍缺乏扩大经营规模的安全感和动力（商品转而通过其他灰色通道出口）。同时，粤港澳三地存在三个关税区，商品、货物流通方面的监管标准也不一致，难以发挥广州市国际贸易传统强市的作用。因此，现行进出口监管政策已成为限制跨境电商发展的事实瓶颈，从全国各地企业的发展诉求来看，大部分也都集中于打破保税监管政策对跨境电商业务发展的限制方面。

---

① 根据国内主流咨询机构的研究报告，2018年广义上的跨境电商交易规模占进出口总额比重约为29%，该项数据不仅包括目前零售为主的跨境电商进出口业务，也统计了与电子商务有关的其他国际贸易业务。

（二）线上线下联动难以实现

跨境电商和国内电商、一般贸易一样，正面临线上和线下融合发展、进口和出口平衡发展的关键时期。但是，目前海关普遍禁止跨境电商零售商品客户线下自提的管理要求，极大地限制了跨境电商零售进口的发展。同时，海关仅对在郑州等地实行的跨境电商进口零售线下自提，以及跨境电商与保税、一般贸易、国内等各种来源商品线下展贸融合发展采取的默许态度，是一种政策不公平。实际上，采取虚拟快递配送单等手段的情况下，线下自提模式并没有改变跨境电商零售的流程和销售对象，具备全面放开的基本条件。

（三）综合服务水平有待提高

运用云计算、大数据、物联网、人工智能、区块链等新一代信息技术，建设软硬件一体的跨境电商综合服务平台，推进外贸、物流、制造、金融等创新发展，是跨境电商业务发展的必然需求。但是，例如机场综保区等区域的运营仍处于央企（南航）、省企（省机场集团）、地方政府多足鼎立的局面，在目前的管理体制机制下，地方政府难以对有关运营主体进行统筹，也缺乏有效的抓手推动园区合理规划建设和产业科学布局，形成了目前公共服务投入分散、基础设施配套各自为政的现状。从全国情况来看，数据流通屏障问题也一直困扰着跨境电商业务的发展。

（四）产业布局分散，未形成集聚效应

目前广州市拥有数十个各类跨境电商园区，但绝大部分规模较小、业务单一，未能有效形成产业枢纽。产业集聚效应缺乏，不利于培育龙头企业，也不利于上下游产业和配套服务的联动布局。同时，地方政府对在广州本土成长起来的电商龙头企业支持不够，特别是在跨境电商发展方面存在较大潜力的唯品会、洋葱等平台型企业，跨境电商业务也未能在广州市实现集聚。

（五）缺少领先型平台，龙头带动作用不强

虽然国内跨境电商龙头企业均在广州市有布局和开展业务，但均以物流分拨分中心为主，广州市至今还未有一家在国内跨境电商销售、支付、服务等领域领先的线上平台企业。长期缺乏领先型平台企业的支撑和龙头

企业的带动作用，广州市跨境电商未来发展将面临动力不足的局面。

五、对策建议

目前，迫切需要突出广州作为我国重要的中心城市、国际商贸中心和国际综合交通枢纽的战略定位，推动监管部门在粤港澳大湾区框架下进行政策创新和突破，建立基于粤港澳融合发展的跨境电商枢纽港创新监管机制。其核心是将跨境电商“港澳仓”前移至综保区内，通过在具备条件的机场综保区等区域建设一批“枢纽仓”，对其采取“一线相对放开”的监管模式，并以“枢纽仓”为核心，延伸形成覆盖跨境电商进、出口各业务类型，以及展贸、销售、第三方服务等全产业链的一套创新管理、发展模式，据此推动形成跨境电商贸易、物流、金融全面集聚的亚太乃至全球一流枢纽港。重点应进行以下几方面的突破：

（一）保税监管政策方面的突破

跨境电商业务由于全部流程均已互联网化和数据化，在各种贸易形态中最为具备实现“自由贸易”化的基础条件。广州作为粤港澳大湾区中心城市和国内跨境电商强市，有必要也有条件对标港澳自由贸易港的“一线放开”标准进行突破，有针对性地建立“一仓多功能，一仓多形态”的跨境电商枢纽港保税货物监管模式，实现不同类型和状态的货物同仓监管，包含非保税账册在内的各种账册互转互通，从而充分利用特殊监管区域境内关外的优势充分对接国际、国内两个市场，进一步实现跨境电商在粤港澳的灵活、同步发展。

（二）大湾区跨境电商一体化方面的突破

要充分发挥广州空港的区位优势，基于大湾区机场群和珠三角领先的交通配套条件，打造跨境电商国际枢纽，还需要以跨境电商在大湾区内的一体化融合发展为目标，进行重点突破：一是参照欧盟“单一市场”规则，允许跨境电商货物在广州、香港、澳门三地有限自由流动；二是建立三地海关跨境电商协同机制，实行“三个一”（一次申报，一次查验，一次放行）的通关作业模式；三是推动三地海关互认跨境电商通关凭证，共享监管数据资源；四是采用统一电子关锁等技术手段，减少同一批跨境电商货物在三地流通或出入境时被海关重复检查的机会；五是探索推动广州空港跨境电商枢纽港与粤港澳大湾区各国际货站之间的处理结果互通互认。

（三）跨境电商零售线上线下联动方面的突破

考虑到粤港澳一体化融合发展的趋势，应在跨境电商枢纽港范围内有限度、分步骤地放松对跨境电商零售的管理要求，从而实现大湾区跨境电商商品的全面集聚。如针对白云机场客流信息清晰、紧靠海关特殊监管区的特点，在机场综保区和航站楼试点实施跨境电商零售商品粤港澳旅客自提模式，推动粤港澳商品跨境电商零售自提和保税展贸在广州空港国际会展中心的结合发展等；又如在跨境电商枢纽港试点实施彻底的跨境电商零售出口“无票免征不退”政策，明确对来源于粤港澳大湾区（生产地或采购地位于大湾区）的商品免于追溯上游税收等。

（四）跨境电商数据自由流转方面的突破

粤港澳跨境电商枢纽港不应该单纯扮演贸易平台的角色，还应该重点推动跨境电商与实体经济、线下展贸、零售等融合发展。特别是以枢纽港为基础统筹建设跨境电商综合服务平台，解决多年来困扰跨境电商发展的各监管部门之间的、各主要运营主体之间的数据流通和共享问题。在此基础上，未来通过多部门、多主体联合协作，打造跨境电商线上枢纽港，既可为大湾区企业从生产型制造向服务型制造转变提供领先的、专业的服务，又可以实现离岸贸易的集聚，让枢纽港进一步升华成为真正意义上的国际贸易中心。

（五）跨境电商重点发展平台建设方面的突破

在历史高峰期，粤港澳大湾区跨境电商业务量曾经占全国7成，其中广州空港业务量占整个大湾区的6成，产业发展的良好基础条件已经市场论证。可以说，在粤港澳大湾区整合发展背景下，广州空港得其时、当其位，有责任、有能力落实国家发展战略，打造产业链条完善、辐射带动力强、具有国际竞争力的跨境电商国际枢纽港，推动跨境电商和国际贸易龙头企业在空港集聚，为粤港澳大湾区进一步扩大开放和创新发展作示范。建议将已相对成熟的《广州空港粤港澳大湾区跨境电商枢纽港建设实施方案》逐级提交各级粤港澳大湾区领导小组审议，争取纳入省、市粤港澳大湾区重点项目库。同时，结合跨境电商枢纽港建设需求，继续争取广东自由贸易试验区扩区覆盖广州空港，为枢纽港建设和龙头企业扎根发展争取政策改革创新的空间，并借此进一步完善广州空港的有关管理体制机制。

（邱之仲　陈小沐　冯洪德）

第三章
提升城市科技创新功能

▲ 积极审慎推动5G发展　赋能智慧宜居城市建设

▲ 以人工智能产业发展　推动创新基础能力建设

▲ 推动科技型中小企业发展　推进供给侧结构性改革

积极审慎推动5G发展
赋能智慧宜居城市建设

5G网络“高带宽、低时延、广连接”的技术优势，将推动新一轮智能化浪潮和产业变革。本报告认为，作为通信运营商选定的全国首批5G试点城市，广州市既面临5G频谱资源有限、核心技术缺乏等共性技术层面的挑战，在统筹协调、部署建设、产业生态、应用模式等建设应用层面，也存在困难和问题。为此，应坚持以需求为导向，既要积极鼓励支持创新，以实干担当精神攻克技术难关、应用难点，充分发挥5G在城市发展中的基础支撑、创新驱动、融合引领作用，也要科学审慎做好引导，以适合适用原则避免重复建设、盲目跟风，推动5G技术更早更快落地生根、开花结果，更好服务经济发展、惠及社会民生，推动实现老城市新活力、“四个出新出彩”。

一、需求导向，5G为城市发展注入新活力

5G作为新一代信息通信技术发展的重要方向，对于构建万物互联的基础设施，推动互联网、大数据、人工智能深度融合、创新应用，支撑城市高质量发展意义重大。现阶段，广州市建设国际大都市进程中，在社会治安、人口管理、疾病预防控制、非现场执法、市政设施管理和重点区域的防范、处置紧急突发事件等领域面临新的城市管理挑战，亟须综合5G等现代电子技术、信息技术，推进城市治理体系和治理能力现代化，推动实现老城市新活力、“四个出新出彩”。

根据我国倡导并纳入国际电信联盟（ITU）定义5G的三大应用场景

［增强型移动宽带（eMBB）、海量机器类通信（mMTC）及低时延高可靠通信（URLLC）］，结合当前5G应用的实际情况和未来发展趋势，广州市应按照“统筹规划、分步实施，需求导向、急用先行”的原则，统筹建设部署，以典型、适合的应用领域为切入点，促进5G与城市管理及行业应用融合，赋能智慧宜居城市建设，为城市发展注入新活力。一是促进5G在高清视频、远程医疗等基于eMBB的应用，满足用户对高数据速率的需求；二是拓展5G在工业互联网等基于mMTC的应用，提高生产力和社会生活水平；三是推进车联网等基于uRLLC的应用，促进跨领域、多主体协同创新。

（一）5G+高清视频

超高清视频的典型特征就是大数据、高速率，4G网络已无法完全满足其网络流量、存储空间和回传时延等技术指标要求，5G网络良好的承载力成为解决跨地域、多设备联动的超高视频传输有效手段。当前4K/8K超高清视频与5G技术结合的场景，包括大型赛事/活动/事件直播、远程视频监控、城市应急指挥等领域，例如广州国际灯光节，采用5G高清全景VR直播，为观众带来沉浸式观看体验。

（二）5G+远程医疗

针对医疗资源分布不均衡、医患缺乏有效信息交互等难题，通过5G、物联网等技术可承载医疗设备和移动互联网用户的全连接网络，医生可以通过医疗诊断系统，为患者提供远程实时会诊、应急救援指导等服务，患者可通过便携式5G医疗终端、云端医疗服务器与远程医疗专家进行沟通，随时随地享受医疗服务。例如，广州市第一人民医院，通过5G+AI+4K技术，顺利实现5G远程超声诊断，跨越60公里物理距离的诊断实现了全程极速同步。

（三）5G+工业互联网

根据工业互联网连接工业设备种类繁多、数据类型多样化、数据实时性要求高的特征需求，应用5G网络能够实现智能传感、远程控制、云端机器人等场景的端到端毫秒级超低时延和高可靠性通信，促进人、机、物全面互联，驱动生产制造和服务体系变革。例如，中船工业互联网，通过高性能的5G网络连接工厂内的海量传感器、机器人和信息系统，再通过人工智能分析后辅助决策控制。

（四）5G+车联网

车联网作为智慧交通中具有代表性的应用之一，在时延需求上，辅助驾驶要求20毫秒～100毫秒，而自动驾驶要求时延可低至3ms。通过5G等通信技术“人—车—路—云”信息交互、协同联动，推动与低时延、高可靠密切相关的远控驾驶、编队行驶、自动驾驶具体场景应用，例如，广州国际生物岛，开展5G自动驾驶公交、出租车应用示范，推动5G_V2X车路协同试点工作。

根据中国电子信息产业发展研究院发布的《5G十大细分应用场景研究报告》，预测到2025年，5G带动相关垂直行业市场规模将达到3万亿元。其中，在5G的带动下，超高清视频应用市场规模将达到约1.75万亿元；5G联网汽车将达到1000万辆，市场规模将达到约5000亿元。

二、积极审慎，应对5G发展面临的挑战

现阶段，5G发展仍以政策和技术驱动为主，存在自身技术亟待突破、部署成本依然较高、产业生态有所滞后，以及统筹协调、应用模式有待完善等挑战。一方面，需鼓励5G市场主体，积极开展技术创新、应用示范，带动产业链发展。另一方面，需加强政策引导、审慎发展，着力解决城市管理、社会民生的难题痛点，提高应用成效。

（一）5G自身存在的技术及应用挑战

1. 频谱资源有限

现阶段我国频谱资源较为稀缺，高、低频段优质资源剩余量较为有限。4G之前已使用低频段中的优质频率，而高频段频谱资源的频率高，开发技术难度大、服务成本高。5G对频谱带宽的需求更高，5G商用中频谱的供需矛盾将更加突出。目前5G涵盖的两种主流频段：一种是Sub-6GHz（在6GHz以下）窄频技术，具有低功耗、广覆盖的特性；另一种是毫米波频段（在24GHz以上）宽带技术，具有低时延、高速率的特

性。广州市5G运营商及相关科研院所，需按照行业主管部门对高中低全频段统筹布局，推动频谱共享技术落地，减少频谱资源浪费。同时，根据不同的应用场景需求，使用最适合的频段。例如，当场域要求高带宽（eMBB）、低延迟（URLLC）等特性时，适合运用高频的毫米波频段，例如自动驾驶、远程手术等应用场景；当场域要求低功耗、大范围覆盖以及稳定连接（mMTC）等特性时，则较适合Sub-6GHz低频频段，例如工业互联网等应用场景。

2. 核心技术不足

5G终端产品的技术成熟度和商用化进程滞后于通信网络设备，尤其是在射频等底层关键领域技术还不成熟。我国在5G中高频材料器件领域与发达国家差距较大，核心技术对外依存度还比较高，也成为我国5G产业发展的痛点。广州市5G核心技术研发能力还比较薄弱，缺乏如华为、中兴等龙头企业，细分领域的领先企业也较少，营业收入10亿元以上信息通信服务业企业29家，需积极推动产学研协同创新，参与抢占5G相关核心技术国际标准制定，推动5G标准、认证、检测协同发展，加快推进5G技术研发、技术试验和网络部署，促进产业化进程。

3. 部署成本较高

与4G相比，5G的辐射范围较小，基于连续覆盖需求，5G的基站数量预估是4G的1.5～2倍。需要的大规模天线致使5G基站建设成本高，还需新建或大规模改造核心网和传输网，对于产业主体而言，投资大幅度增加，但场景落地和商业模式尚不清晰。《广州市加快5G发展三年行动计划（2019—2021年）》提出“2021年建成5G基站6.5万座”目标，截至2019年8月，广州市建成5G基站7885座，站址储备缺口较大（存量站址约1.3万个），仍需要加大力度推进建设部署。广州市应强化行业主管部门在站址规划、共建共享、公共资源开放等引导，发挥产业建设主体作用，避免重复建设，优先在重点、热点区域部署5G网络，实现4G向5G的平滑演进，有序推进规模组网。

4. 产业生态滞后

4K/8K超高清视频、交通/医疗等垂直行业应用场景，与5G的深度融合面临技术互通、合作模式等方面的问题，5G应用生态培育和扩展较为不足，难以支撑网络部署与技术研发可持续发展。广州市5G应用的产业生态初步呈现“多点开花”的态势，截至2019年8月，培育应用100余个，但仍未形成完整生态链，需积极探索5G应用创新以及商业模式创新，优化产业环境、加强产业融合，推动如电力、医疗、交通、政务、教育等垂直行业领域率先应用示范，带动产业链发展。

（二）5G在城市管理应用中面临的挑战

1. 缺乏统筹建设应用

目前在城市垂直行业应用各个领域以及各级区域，逐步开展了系列部署应用，但仍存各自部署、各自应用的现象，一方面可能造成重复建设、资源浪费，另一方面难以产生规模效应、成效欠佳。需立足城市管理需求，统筹规划部署，集约利用、共建共享5G基础设施，形成协同联动整体效应。以5G在车联网领域的应用为例，2018年12月工信部印发的《车联网（智能网联汽车）产业发展行动计划》，明确到2020年，将实现车联网产业跨行业融合取得突破，具备高级别自动驾驶功能的智能网联汽车实现特定场景规模应用，车联网用户渗透率达到30%以上。而其规模应用需要广泛部署5G基础设施，既需要集约共享智慧灯杆、高清视频相关5G应用领域的闲置资源，也需要这些领域的应用协同，才能发挥规模效应、整体效能。

2. 协调机制有待完善

5G在具体的城市管理应用中，离不开相关干系主体的统筹协调、互信互利。以5G在医疗领域的应用为例，根据网络媒体对5G在医疗领域的应用场景盘点，2019年以来全国各地涌现出大量5G应用案例，实现了多个“首次”，但是否真正发挥5G优势、其适用性如何，仍值得商榷。5G+医疗涉及行业管理部门、医疗机构、相关装备供应厂商等，而医疗本身安全风险高，作为新兴应用，既面临行业监管所需的相关审批管理机制，也涉及各级医疗机构之间的协同合作机制，需理顺相关主体权责关系，简化业务管理流程，建立完善技术应用标准体系及监督管理政策机制。

3. *应用模式难以维系*

目前各地在推的5G城市管理应用，大多是以通信运营商、设备供应商为主导，实际应用场景和规模仍有较大不确定性，对5G网络的实际需求也不明朗，存在“伪需求”“炒热点”“一头热”“一边倒”等现象，对需求痛点把握不足、应用场景较为单一、应用成效不够明显，难以形成可推广、可持续的运营模式。以5G在工业互联网领域的应用为例，目前工业应用主要采用专线，5G作为公共移动通信网络，对经济性的要求决定了工业级应用的成本问题，这涉及投入产出是否符合市场需求，需要综合评估是否适用、必要，兼顾经济性与可靠性。

三、实干担当，推动广州市5G创新发展

任何新生事物从诞生到成熟都有自身的规律，从技术发展到产品、产业更有一个培育的过程，不可能一蹴而就。5G与其他技术一样，不能解决所有问题，决不能“唯5G论”，更要谨防“5G无用论”，注意不能抛开其他技术和应用陷入“唯技术论”。实事求是是技术研发的应有态度，尊重规律是产业发展的不二法门，我们对待5G发展，需要在热情期待的同时保持理性，在面对问题的同时力戒浮躁，立足实际、摒弃空谈、冷静思考、多位研究、实干担当，切实满足城市发展需求。

（一）立足国家、粤港澳大湾区、智慧城市战略部署，统筹规划布局、衔接协同，强化体制机制创新释放活力

5G建设与智慧城市密不可分，作为我国首批智慧城市试点城市及通信运营商选定的首批5G试点城市，广州市应立足国家战略部署、粤港澳大湾区发展规划，将5G纳入智慧城市发展战略布局，将5G基础设施空间部署与物理城市空间、智慧城市建设同步规划、同步设计、同步实施。在城市相关专项规划中，将5G与相关领域的技术攻关、行业应用、产业发展统筹兼顾，促进多领域顺畅衔接、协同带动。

同时，需放宽视野、开阔思路、敢于突破，注重体制机制、技术研发等创新协同。一方面，加强网络建设、行业应用、资源配置等方面的跨

部门联动，结合广州市“数字政府”建设，推动5G相关配套建设相关行政审批“并行审批，容缺受理”，精简审批流程，压缩审批时间。另一方面，针对我国5G领域关键薄弱环节，注重产学研协同创新，强化在基础和前沿领域的研究，弥补在射频芯片、光通信芯片、中高频器件、数模转换器等环节的短板，参与相关领域标准化工作。积极对接国家5G频率资源统筹部署，推动频谱共享技术研发应用，科学合理集约利用资源。

（二）发挥政策引导、产业主体作用，推动5G共建共享、完善产业链，走高质量的5G发展之路

通过科技政策、产业政策等方面的指引、支持，以及制订相关行业管理、技术标准规范，加强政府部门的引导作用，满足5G建设应用的配套保障需求，依托5G相关产业园区、示范基地等平台载体，政策扶持5G产业链企业发展，加快推进5G试点示范和应用，促进5G在城市管理服务领域的规范应用、长效发展。

发挥产业主体作用，强化互利互惠、产学研合作，逐步完善产业生态，明确权责关系、建设运营模式，避免盲目投资、重复建设，推动城市5G基础设施共建共享，实现城市5G网络连续覆盖。鼓励通信运营商、互联网企业、制造企业等跨行业、跨领域合作，有序推动 5G 在超高清视频、智能网联汽车等领域的产业生态构建，促进 5G 技术产品和商业模式成熟发展。

（三）秉持需求导向、以人为本，深入挖掘应用场景、探索持续运营模式，推动5G应用落地成效

以城市发展需求为导向，坚持急用、适用先行，能用固定宽带实现的场域，就无须使用5G，达不到应用条件及基础的，可暂缓使用5G，切实发挥5G“高带宽、低时延、广连接”优势，有序推进5G在社会治安、电子执法、应急指挥等城市管理领域的融合创新应用，为车联网、高清视频、远程医疗等垂直行业领域赋能赋智，深入挖掘、拓宽延伸应用场景，探索可落地、可持续的运营模式，提升应用成效、促进应用推广。

作为公共通信网络，5G技术进步带来的，既要是“能用、好用”，更要“接地气”，需立足现实、遵循规律，既不能盲目跟风、一蹴而就，也要避免止步不前、陷入空想。在城市管理服务等领域的应用，最终目标是提高人民群众的获得感、幸福感、安全感。需紧紧围绕以人民为中心，想人民所想、急人民所急，在医疗急救、高清视频、智能家居等关乎社会民生的领域发挥作用，满足人民美好生活需要。

（四）坚持务实笃行、久久为功，锐意开拓创新、奋力攻坚克难，促进5G落地生根、开花结果

5G建设应用是一项系统工程，需要在技术研发、网络部署、应用推广、人才培育、标准建设、国际合作等方面持续发力、协同推进。面对发展机遇，乘势而上、锐意创新，抢占产业制高点和发展主动权；面对困难挑战，需要用发展的眼光，系统思考、综合施策，集中力量解决主要矛盾。

同时，应以久久为功的决心，坚持务实为本、积极审慎推动，避免盲目撒网、急于求成，稳步推动5G在城市建设、社会治理、行业应用等多领域落地生根、开花结果，助力推动实现老城市新活力、“四个出新出彩”，打造“美丽宜居花城、活力全球城市”。

（张孜）

以人工智能产业发展推动创新基础能力建设

一、广州市人工智能产业基本情况

（一）产业规模持续扩大

2017年全市智能装备与机器人产业[1]增加值达255.51亿元，同比增长19.3%；2018年达277.48亿元，同比增长9.2%；2019年上半年达128.90亿元，同比增长15.6%。广州市第二批人工智能入库企业达到134家。入库企业资产总值达2012.65亿元，营收总额达825.38亿元，利润总额77.34亿元；研发投入占销售收入比重达54.12%。其中，营收过十亿级企业达11家，过亿级企业达55家。

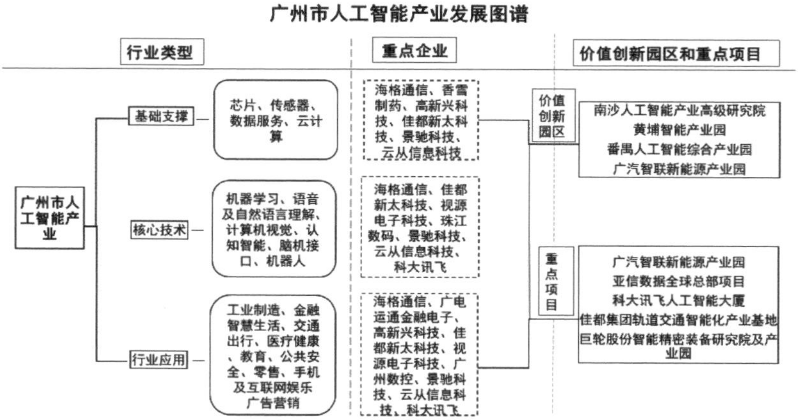

广州市人工智能产业发展图谱

行业类型 | 重点企业 | 价值创新园区和重点项目

广州市人工智能产业

基础支撑 — 芯片、传感器、数据服务、云计算 — 海格通信、香雪制药、高新兴科技、佳都新太科技、景驰科技、云从信息科技

核心技术 — 机器学习、语音及自然语言理解、计算机视觉、认知智能、脑机接口、机器人 — 海格通信、佳都新太科技、视源电子科技、珠江数码、景驰科技、云从信息科技、科大讯飞

行业应用 — 工业制造、金融智慧生活、交通出行、医疗健康、教育、公共安全、零售、手机及互联网娱乐广告营销 — 海格通信、广电运通金融电子、高新兴科技、佳都新太科技、视源电子科技、广州数控、景驰科技、云从信息科技、科大讯飞

价值创新园区：南沙人工智能产业高级研究院、黄埔智能产业园、番禺人工智能综合产业园、广汽智联新能源产业园

重点项目：广汽智联新能源产业园、亚信数据全球总部项目、科大讯飞人工智能大厦、佳都集团轨道交通智能化产业基地、巨轮股份智能精密装备研究院及产业园

图1　广州市人工智能产业发展图谱

① 按照广州市新兴产业统计规则，以智能装备与机器人产业作为人工智能产业统计口径。

（二）产业链结构相对完整

广州人工智能企业在基础支撑、核心技术、行业应用三个层级均有布局。从各层级企业布局看，基础支撑层有112家，核心技术层有119家，行业应用层有125家[①]（见图2）。

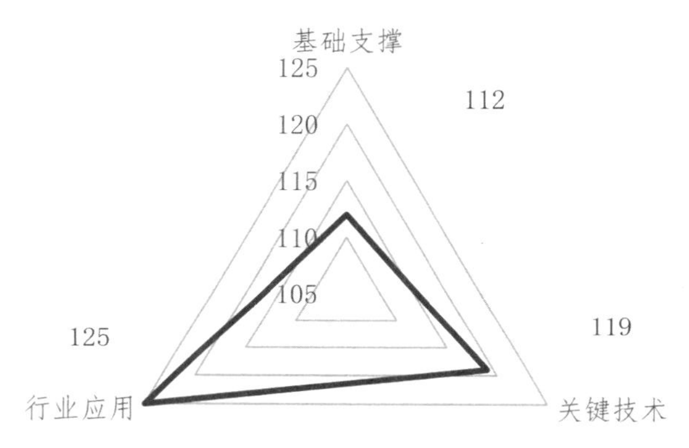

图2　广州市人工智能各层级企业布局情况

（三）集聚态势明显

从地区分布上看，黄埔、天河、南沙已形成一定的产业集聚效应；在功能上各区亦有一定的主攻方向，并打造人工智能产业园集聚发展。

（四）技术创新逐步加强

突出表现在机器人、图像识别、智能传感器、自然语音识别、计算机视觉等领域。如亿航智能开发出全球第一款低空全自动载人飞行器；图普科技已经成长为国内最大的独立图像识别云平台；云从科技拥有自主知识产权核心算法，是人脸识别国家标准起草与制定企业等。

（五）应用场景逐步拓展

广州市人工智能的场景已应用在医疗、教育、安防、交通等领域，并向制造业、农业、金融、物流、政务等领域不断拓展。

---

①　数据来源于广州市人工智能行业协会。

（六）支撑体系相对完善

在信息基础设施、5G产业发展、检验检测、共性技术研发、企业技术研发平台、专利发明等多方面为人工智能产业发展提供强有力的支撑。

二、广州市人工智能产业发展面临的问题与挑战

（一）基础创新研究不足

广州在人工智能基础理论、核心算法、芯片和传感器开发、大数据、云平台等产业基础领域的创新研究不足，缺乏重点原创性科技成果，核心环节受制于人，随时可能被卡脖子。同时，由于技术推广应用的投资机会和投入回报率远高于基础领域的创新研究，很多企业将关注点放在应用领域，从事基础能力研发动力不足。比如目前包括人脸识别、安防监控、医疗阅片等基于海量数据的人工智能在广州市蓬勃兴起，但这些技术所依托的底层技术，深度学习算法的研究、开发平台的建立，都是建立在国外的原创技术基础上。

（二）龙头企业辐射带动作用不强

一方面，人工智能行业龙头企业投身打造公共技术服务平台、培育孵化或引进上下游产业链的企业较少。另一方面，广州市各龙头企业在带动关联产业智能化、数据化的示范效应不明显，引领作用不够。在企业影响力方面，据知名人工智能媒体量子位《中国人工智能年度评选榜单2018》显示，2018年中国人工智能领航企业TOP10，均被北、深、杭包揽，其中北京（7）、深圳（2）、杭州（1）；2018年中国人工智能明星创业公司TOP50中，广州有4家上榜，其中北京（28）、上海（7）、深圳（4）、杭州（3）。

（三）产业生态尚不完善

广州市人工智能产业整体发展尚处于初步发展阶段，形成了一定的产业集群，但融资渠道还不顺畅、核心技术研发能力还不强、人才支撑还不足、政策体系还不健全、产业融合度还有待加强、应用场景开放领域还有待进一步放开、国际合作水平还有待进一步强化等，有利于人工智能产业全链条发展的生态圈尚不完善。比如在产业融合方面，人工智能与实体经

济的融合刚刚起步，存在产品普遍水平较低、功能雷同的现象；在人才支撑方面，“2018中国人工智能杰出人物榜”40人名单中，广州仅2名上榜。

三、下一步工作建议

（一）提升企业主体实力

1. 培育创新市场主体

跟踪服务一批人工智能高精尖企业，培育一批具有核心竞争力的龙头企业和独角兽企业。实施高新技术企业树标提质行动，推动一批人工智能企业升级为高新技术企业，支持更多人工智能高新技术企业壮大为规模以上企业和行业标杆企业。

2. 引进行业领军企业

加大对国内外人工智能龙头企业的招引力度，面向国内外知名人工智能企业，谋划一批重大产业招商项目。支持人工智能龙头企业和行业领军企业在广州建立总部，鼓励有条件的企业或机构设立创新平台、孵化基地。

3. 提升企业核心竞争力

推动实施“一个龙头企业+一个场景+一个基金+一个政策”的“1+1+1+1”工程，鼓励行业龙头企业充分发挥自身优势，带动人工智能产业链上下游协同创新发展。开展人工智能与实体经济深度融合项目示范工程，支持企业建设人工智能产品研发、业态模式创新等项目。

（二）提升基础创新能力

1. 突破核心关键技术

针对国际领先的人工智能前沿技术重大创新团队给予连续滚动重点支持，在人工智能基础前沿重点科学领域实现一批“从0到1”的原始技术创新突破。实施重点领域研发计划，围绕人工智能关键技术重点领域组织实施重大科技专项，力争突破一批卡脖子技术难题。强化部、省、市联动，主动对接国家、省重大科技专项到广州市布局并实现成果落地转化。

2. 推进创新平台建设

加快建设人工智能与数字经济广东省实验室建设，对承担国家级重点实验室、产业创新平台及国家重大项目的企业按规定给予配套支持。支持在广州市具备发展优势的图像识别、智能产品研发、智能制造等领域建设人工智能开放创新平台。支持建设一批人工智能工程技术研究中心、企业技术中心、新型研发机构等创新载体。

3. 加快计算服务平台建设

支持国家超算广州中心扩容升级，建设一批深度学习计算服务平台，为深度神经网络模型训练、基因测序等产业应用场景提供算力支撑；支持中山大学大数据与计算智能研究所、华南理工大学机器学习与数据挖掘实验室等驻穗高校建设人工智能公共计算平台。推进中国电信广州云计算数据中心等大型云计算服务平台建设，为企业、高校、科研机构开展研发创新活动提供数据存储、算法等服务。

（三）提升产业生态融合力

1. 推进应用场景释放

支持人工智能应用示范场景建设，通过场景应用带动关键核心技术突破，促进人工智能新技术、新产品、新模式创新发展。在政务、教育、医疗、电力、交通、旅游、司法等领域，鼓励采用人工智能解决方案，推动全社会加快人工智能场景应用，扩大广州市应用市场，加强对外地相关高技术企业的吸引能力。

2. 加快数据开放共享

统筹规划全市数据中心、云平台建设布局，推动政府部门信息基础设施共建共享和优化升级。完善数据资源开放和共享政策，进一步推动政府数据跨部门、跨地区、跨层级共享。建设面向产业服务的数据资源平台，探索部分领域的先行先试，分级分领域推进政府数据脱敏开放，构建数据采集、汇聚、处理、共享、开放、应用及授权运营规则，实现公共数据的规范采集、共享使用。引导人工智能企业等市场主体合法合规开展数据资产流通，打造全社会各行业参与、利益共享、激励创新的公共数据生态。

3. 打造产业园区载体

结合各区人工智能产业重点发展方向，每年择优选取试点园区重点实现人工智能集成和升级。加快琶洲互联网创新集聚区、南沙国际人工智能价值创新园、黄花岗科技园人工智能产业园区等省级人工智能产业园建设。组织实施广州市价值创新园区建设行动方案，大力推进园区重点项目建设，新引进一批人工智能项目，提升人工智能产业集聚发展水平。

4. 集聚高端智力支持

加大人工智能领军人才引进力度，大力引进人工智能基础理论、关键技术等领域的高端紧缺人才、国际顶尖科学家和高水平创新团队。加大人工智能高端人才培养力度，支持广东高水平大学设立人工智能学院或研究院，加强人工智能前沿领域的学科建设。鼓励有条件的职业技术学院、技工院校和培训机构开设机器人专业课程，鼓励校企合作，建立实操基地，开展订单式技能型人才培养。培育一批能够熟练操作工业机器人、甚至能够管理、集成、维修机器人的应用型高技能人才。

（孙勇）

推动科技型中小企业发展推进供给侧结构性改革

2018年10月22日至26日，习近平总书记视察广东，在广州开发区考察12家中小企业时指出“中小企业能办大事”，十九届四中全会指出“建立以企业为主体、市场为导向、产学研深度融合的技术创新体系，支持大中小企业和各类主体融通创新，创新促进科技成果转化的机制”，为了更好地推动广州市科技型中小企业高质量发展，必须更好掌握广州市科技型中小企业发展现状、面临的问题，以期更好地提出下一步工作的建议。

一、广州市科技型中小企业发展现状

近年来广州市高度重视科技型企业发展，制定实施分层分类服务科技创新企业做强做优做大行动方案、高新技术企业树标提质行动方案等系列政策，目前科技型企业总数超过23万家、2018年国家高新技术企业达到11746家（全国城市排名第三），按照国家《科技型中小企业评价办法》，上一年营销收入在2亿元以下并拥有较高技术水平和知识产权的企业可入库，2018、2019年广州入库科技型中小企业分别为8377家和9283家，连续两年全国城市第一。主要特点如下：

一是从区域分布上来看，截至2019年11月8日，国家科技型中小企业库入库企业共有137066家。广州市目前已入库9283家企业，入库企业数占全国入库企业总数的6.8%和广东省入库企业的46.5%，高于深圳市8553家、上海市6303家、北京市6105家、天津市5862家，居全国城市第一名。从行政区域分布情况来看，广州市科技型中小企业主要分布在天河区、黄埔区和番禺区，分别为2780家、2007家和1084家，合计入库企业数占比为63.24%。南沙区、增城区、从化区的入库企业数量较少，分别为379家、283家和110家，合计入库企业数占比8.32%。

二是从行业结构上来看，科技型中小企业产业集中度高。行业分布上，排在前三位的是信息传输及软件和信息技术服务业、科学研究和技术服务业、制造业，企业数分别为3610家、2478家、2421家，占比分别为38.89%、26.69%、26.08%，总占比为91.66%。其中信息传输及软件和信息技术服务业中天河区、黄埔区、番禺区的企业分别为1717家、579家、331家; 科学研究和技术服务业中黄埔区、天河区、番禺区的企业分别为796家、668家、257家；制造业中黄埔区、番禺区、白云区的企业分别为541家、408家、377家。

三是从技术效益上来看，科技型中小企业成为支撑高质量发展的重要力量。入库企业中高新技术企业数量达5822家，占全市高新技术企业比重为62.72%，盈利企业共6245家，占全市比重为67.27%。科技人员总数为154940人，占企业职工总数的38.99%，其中具有硕士学位以上和中级以上职称的科技人员分别为16920人、23419人，占比分别为 10.92%、15.11%。创新产出方面，9283家入库企业2018年的销售收入为1864.06亿元，利润总额为79.45亿元，盈利率为4.26%; 研发投入225.15亿元，占销售收入的比例为12.08%；知识产权共计107638件，平均每家企业拥有知识产权近12件。涌现出像康立明、百布科技、有车以后等未来独角兽企业，还有近两年在科技部全国创新创业大赛中获得一等奖的康云科技（成长组）、奇点科技和中微科技（初创组），获奖成绩历史最好。

二、广州市科技型中小企业发展面临的困难和问题

2018年11月1日习近平总书记在全国民营企业座谈会上指出当前民营经济面临的问题，形象地比喻为新的三座大山，即“市场的冰山、融资的高山和转型的火山”，这对于全国科技型中小企业面临的情况是再合适不过的了。

（一）科技型中小企业的产品市场准入门槛和应用场景不够广

调研中很多企业反映，最需要的不是财政补贴而是市场支持，需要政府首购首用再逐步推广。政府采购政策对科技型中小企业的支持力度不足，广州市尚未出台支持科技型中小企业产品和服务纳入政府采购目录的专项政策和具体实施办法，鼓励方式与政策机制不健全。从科技型企业成长的过程来看，要有较大的前期科研投入（很多时候甚至是失败告终）、较长的中试链条和原型打磨，少量的初步成品，因此综合产品的综合价格会比较高，加上市场的认可度有一个接受过程，因此科技型企业的高新产品进入市场会受到很残酷的准入约束。同时科技型中小企业普遍对政府采购入库规则不熟悉，政府采购入库规则基本每年都有改变，尚无相关部门牵头开展此类专题培训或对接企业进行帮扶，导致许多中小企业的优质创新产品难以进入政府采购目录，对本地产业优先支持场景应用力度不足。同时从当前广州市科技型中小企业的规模还较小（2018年全市战略性新兴产业实现增加值4091亿元，而入库企业销售收入总和只有为1864.06亿元），因此未能引起各级政府的高度重视。

（二）科技型中小企业面临融资难融资贵问题

科技型中小企业由于自身积累资本不足，做强做大十分依赖融资支持。由于广州市的投融资市场不够发达，特别是风投创投相比于北京、上海、深圳、杭州，广州市股权投资、风险投资、天使投资、债券市场等融资市场发展还不够发达。以私募基金为例，广州市现有私募投资机构846家，而上海4730家、深圳4570家、北京4355家、杭州1555家，不能很好地满足本地科技型创业企业的融资需求，许多企业要到外地才能找到合适的投资。传统银行的贷款方面，近年来银行受去杠杆政策和资管新规的约束影响，加之科技型中小企业一般都是轻资产企业（很难有较大的实物抵押），目前获得信贷支持较难，部分银行存在收贷、抽贷情况，用于企业发展的信贷资金存在短债长用等问题。多层次资本市场不发达，对科技型中小企业的支持不够，企业家的利用资本市场融资的意识不够强。

（三）企业自主创新能力仍有待加强、对高素质人才吸引力不强

科技型中小企业流传着这样一句话“企业创新是找死、不创新是等死”，由于创新是一件高投入高风险的事情，很多科技型中小企业投入创新是相当谨慎的，广州市近几年出台了很多支持企业创新的补贴，如研发经费后补助、研发投入加计扣除等，但大部分都是后补助项目，企业要提前大量投入；另外目前广州市对博士后人才的生活和安家补助仍沿用2010年的标准（广州16万、20万，目前深圳36万、30万），难以满足广州市科技型中小企业引进和留住博士后人才的需求。部分企业反映，广州市在研发平台与人才评定工作中，将中高级职称人才数量作为标准之一，但中小企业人才特别是技术人员由于学历、论文等条件限制很难获得职称评定，使得中小企业及相关人才难以享受到部分研发和人才扶持政策。同时如土地资源、设备购买、高管所得税等科技型中小企业面临的要素制约也非常普遍。

三、下一步工作建议

为深入贯彻习近平总书记在民营企业座谈会上的重要讲话精神，切实落实中央办公厅、国务院办公厅《关于促进中小企业健康发展的指导意见》，2019年8月9日，科技部印发了《关于新时期支持科技型中小企业加快创新发展的若干政策措施》（国科发区〔2019〕268号），当前广州市正在贯彻落实习近平总书记对广州视察的指示精神，真正激发科技型中小企业的发展动力和科技创新能力，为老城市新活力，四个“出新出彩”提供强有力的支撑引领作用。

（一）畅通市场需求，增强场景运用，建立科技型中小企业高新技术产品展示推广首购制度

开展高新技术企业树标提质行动，分层分类扶持科技型中小企业，建设广州高新技术产品专项展馆，创新产品推广和展示，探索推动实施广州市高新技术产品首购产品奖励政策，加大对科技型中小企业产品采购力度，建议争取国家或省对科技型中小企业的首台（套）创新型产品加大政府采购力度，鼓励政府机关、企事业单位在同等条件下优先采购本市科技型中小企业产品和服务，提升科技型中小企业创新应用水平。促进市场公平开放，推进“非禁即入”普遍落实，保证中小企业公平参与市场竞争。鼓励科技型龙头企业通过专业分工、服务外包、订单生产、共享平台等形式，带动中小微企业进入产业链或配套体系。鼓励有条件的政府部门开放数据和应用场景，允许科技型中小企业产品准入试行运用。

（二）大力发展科技金融，完善精准服务科技型中小企业的普惠金融体系

根据科技型中小企业所处的不同发展时期（初创期、成长期、成熟期），制定针对性扶持政策，实现精准施策。针对处于初创期的企业，大力发展政府引导基金的作用，推动广州市科技成果产业化引导基金落地运营，鼓励现有的国资引导基金平台（如广州基金、工业中小企业基金等）投早投小，吸引更多知名风投机构到广州设立子基金，帮助初创期企业获得风险投资和提升技术竞争力。针对成长期的企业，大力发展科技信贷，在原有科技型中小企业科技信贷风险资金池的基础上，增加合作银行数量扩大科技信贷风险补偿资金池规模。推动传统银行创新金融产品，形成如“助保贷”和“科技孵化贷”等多类针对科技型企业的金融产品，引导银行与投资机构积极探索专利许可收益权质押融资等新模式，积极协助符合条件的创新创业者办理知识产权质押贷款。通过利用投贷联动等科技金融产品“组合拳”，使轻资产的科技企业切实享受到低门槛、便捷高效的融资服务。针对发展到成熟期的企业，鼓励企业进一步完善规范自身管理，鼓励企业充分利用多层次资本市场上市融资。利用广东省股权交易所的本地资本平台优势，尽早推动成长型中小企业到广东股权交易所挂牌融资，同时充分利用荔湾区全国股转系统新三板华南基地优势，发挥新三板作为服务全国广大科技型、创业型的主战场；利用上交所南方中心优势，发挥科创板对科创企业的包容和鼓励；利用香港港交所在粤港澳大湾区中作用，推动企业“走出去”利用国际资本。

（三）引导创新资源向科技型中小企业集聚

鼓励科技型中小企业加大自主创新投入，重点支持有条件的科技型中小企业建立研发机构，深入开展高校、科研机构科技成果转移转化试点，在五山—石牌高教区、环中大、环大学城等区域重点建设科技成果转化基地，帮助科技型中小企业对接更优质的高校、科研院所等研究机构，财政补贴牵头或参与国家及省市重点科技攻关项目和产业化重大项目向科技型中小企业倾斜。在IAB、NEM等战略性新兴产业领域开展关键共性技术攻关，支持联盟内中试基地和共性技术研发平台建设。

加大财政补贴力度支持企业引进亟须高端人才，更加便利人才入户，区内或者跨区统筹解决人才绿卡获得者子女入学问题。充分发挥粤港澳大湾区创新资源优势，推进“一带一路”创新合作，深度融入全球创新体系，协同打造湾区科技产业创新生态体系，融入全球创新网络。加大对科技型中小企业在降费减税、土地使用费用等方面的优惠。

（四）加大营商环境改革力度，强化科技创新政策完善与落实

各级政府要以包容的心态来扶持支持科技型中小企业的发展，要制定让企业家不仅“看得见”政策，更“摸得着”政策，使扶持政策真正惠及于企、惠及于民。一是加强政策宣讲与落实，调研中很多企业家常常反映不知道相关政策或者政策吃不透，因此要进一步加强政策的宣贯力度，落实国家高新技术企业所得税减免、科技型中小企业研发费用加计扣除比例、科技型初创企业普惠性税收减免等新的政策措施，推动降低执行门槛。加强省市现有政策宣传推广，在科技园区、众创空间、孵化器中开展面向科技型初创企业的重点政策解读。二是搭建特色服务载体，通过建设全市科技型中小企业信息服务平台，举办科技型中小企业创新产品博览会，创投周、科技金融服务周，开展科技成果直通车，提供政策咨询、融资对接、技术转移、政府采购等综合服务。

（陈烯）

第四章 提升城市文化引领功能

▲ 破解文旅产业发展难题 推动文商旅融合

▲ 创新文化品牌 推动广州文旅产业高质量发展

▲ 发挥教育中心功能 弘扬奋斗精神

破解文旅产业发展难题　推动文商旅融合

广州作为具有2200多年历史的千年商贸之都，是全国重点旅游城市，也是我国首批历史文化名城和首批全国优秀旅游城市。近年来，广州旅游业在国民经济中的地位日益突出，旅游基础设施不断完善，旅游产品日渐丰富，旅游服务水平持续提升，旅游业综合实力稳步增强。

一、广州旅游业发展现状

广州以文化创意产业为核心推动力，实现文化产业加速发展，基本形成以动漫、音乐、文化会展为实力带动文化旅游科技加速融合的格局。文化产业繁荣进一步推动了文旅融合，在长隆欢乐世界、融创文旅城等知名文旅品牌的带动下，广州持续整合资源，开发粤菜美食、粤剧等特色品牌，打造多样且富有广府文化特色的旅游产品。

（一）支柱产业地位日益凸显

1. 旅游业增加值占GDP比重超7%

2012年至2017年，广州文化产业增加值年均增速达13%左右。2017年，广州旅游业总收入达3614.21亿元，增长12.4%。其中国内旅游收入3187.89亿元，增长13.8%，旅游外汇收入63.14亿美元，同比增长10.1%。旅游业增加值为1536.76亿元，分别占全市GDP和全市第三产业增加值的7.1%和10.1%，旅游业在广州市国民经济中的支柱地位越发凸显。2018年广州文化产业增加值达1260亿元。[①]目前，全市有规模以上文化企业2369

---

① 广州市统计局，国家统计局广州调查队.2017年广州市国民经济和社会发展统计公报[EB/OL]. http://www.gz.gov.cn/zwgk/sjfb/tjgb/content/post_3093709.html, 2018-3-14.

家、高新技术文化企业1305家。[1]旅游业持续前进，2018年广州市旅游收入顺利突破4000亿大关，同比增长10.9%。

2. 旅游接待总人次首次突破2亿人次

2017年，广州旅游接待总人次共2.04亿人次，增长10.1%，在国内重点城市中名列前茅。其中，接待来穗过夜游客6275.62万人次，同比增长5.6%。可见，随着广州城市的快速发展和广州旅游品牌的宣传推广力度不断加大，广州旅游的吸引力持续增强。

（二）旅游设施日益完善

1. 旅行社服务能力不断提升

2017年，广州地区旅行社共514家，增长11.5%。年末从业人员1.62万人，增长0.7%。全年组团及接待境内外游客1523.79万人次，其中，组团及接待国内游客1486.61万人次，接待入境游客37.19万人次。全市旅行社营业收入282.91亿元，增长1.0%。

2. 住宿业接待能力持续增强

2017年，广州主要宾馆酒店共342家，其中星级宾馆180家。接待来穗过夜游客1862.53万人次，2772.61万人天，分别增长2.3%和2.9%。全年平均开房率为67.6%，同比增加3.8个百分点，营业收入160.46亿元，增长2.2%，利润总额20.49亿元，增长35.3%，平均利润率为12.8%。

3. 旅游景区发展良好

2017年，广州市共有旅游景区136家，共接待游客18294.35万人次，增长5.7%，营业收入共55.71亿元，增长14.2%，其中游乐园、公园类景区占比较大，全年共接待游客17392.36万人次，占总接待人数的95.1%。其中市政公园接待人数12295.24万人次，增长4.5%，占游乐园公园内景区接待量的70.7%，这表明市政公园由于实行免票政策且地理位置优越环境较好等，仍是市民游客游玩首选之处。

① 2019广州文交会开幕 举办主体活动28场、系列活动100多场[R].广州日报，2019-10-6.

（三）旅游服务保障有利

1. 餐饮业多元化发展

“食在广州”，广州的饮食文化闻名全国。广州的饮食，无论餐饮出品的数量、质量，酒楼食肆的数量和规模，抑或是饮食环境、服务质量等，在国内都是首屈一指，在国外也享有盛名。近年来，广州市餐饮业发展迅速，整体上形成了以粤菜为主，多种菜系共同发展的多层次多元化的餐饮发展格局。具体来看，以传统的中式正餐型服务为主，具有岭南特色、港澳特色、西餐特色的茶餐厅数量较多，同时茶点小吃、咖啡馆、酒吧书吧等新的经营业态也日渐增多，这种多层次多业态蓬勃发展格局极大地丰富了广州的餐饮结构和餐饮文化，也进一步促进了广州餐饮市场的发展。2017年，广州市限额以上餐饮业法人企业977个，营业额达324.03亿元。

2. 旅游商品消费旺盛

目前，广州市旅游商品销售网络已经由传统的旅游定点商店，景点商店，发展成城市综合购物商场、商业步行街、百货商店、大型综合专业市场、购物中心等多种业态。在传播渠道方面，从传统的报纸杂志、广播电视、商品包装、柜台活动等逐步发展到现代的互联网、移动网络、会场展示等多种形式。多功能的旅游商品销售网络和全方位、立体化的旅游购物信息传播渠道已基本形成。

二、广州旅游业发展面临的问题

（一）产业规模与国内旅游强市有差距

广州的旅游综合实力虽然保持在全国前列，但短板也不少。例如，拳头旅游产品还不够多、不够强，产品供给还不够丰富，传统观光产品占比较大。部分景区管理和服务水平还存在差距，对人文历史挖掘还不够深入等。与国内旅游重点城市相比，差距也较为明显。2017年，广州城市接待游客总人数为2.04亿人次，增长10.1%，接待游客总人数低于重庆（5.42亿人次）、上海（3.27亿人次）、北京（2.97亿人次）、天津（2.11亿人次），增长速度也低于重庆（20.3%）和天津（10.5%）。广州旅游业总收入也次于北京（5469亿元）和上海（4485亿元），名列全国第三。

此外，良好的城市旅游形象定位能够有效提高城市文化吸引力、扩大城市影响力。目前广州的城市旅游定位存在不足。一是缺乏与时俱进的城市IP。在新时代，尚未将“花城”“食在广州”等文化品牌和数字创意、电子体育、高新科技等新元素有机融合。二是城市宣传片等传统推广方式效果有待提升，国际影响力不足。

（二）产业要素支撑乏力

一是广州作为超大城市，建设用地指标有限，新增土地供应紧缺等问题较为凸显，而单位面积收益相对较低，投资开发周期相对较长的旅游项目将更难获得建设用地。二是资金投入不足，当前广州市级财政对旅游业发展扶持资金的投入严重不足。2015年，广州市旅游发展资金投入仅为0.5亿元，与国内其他主要城市有较大差距。如北京从2011年起，每年的旅游发展专项资金投入达10亿元以上。三是重点项目投入不足。广州的文旅项目以政府投资和主导开发为主，大资本社会投入少。目前市内资产规模超过100亿元的项目不足15家。究其原因，首次，文化资源梳理尚未完成，市内景点多但开发程度低且分布零散，缺乏具有跨区域影响力的超级IP。其次，现有文旅营商环境的条件，是缺乏大资本社会投入的重要原因之一。

（三）龙头企业带动效应不强

从上市旅游企业数量看，与国内重点城市相比，广州在全国具有较高影响力的旅游企业数量较少，主要有岭南集团、长隆集团等。而北京则有首旅集团、神州租车、中国国旅、中青旅、去哪儿网等实力强劲的企业集团。上海有锦江国际、如家酒店集团、一嗨租车、携程网、景域国际等知名企业集团。与北京、上海等城市相比，广州旅游龙头企业不管在数量上还是规模上都有较大差距。

“文化+”“旅游+”是当前文旅产业发展所趋，但广州文旅产业缺乏融合创新性，难以吸引新的消费者和投资者。一是文化与旅游、体育、科技等产业的融合程度不足，导致文旅产品形态单一，高端文旅产品供给不足，不能满足消费者对体验式、多层次文旅产品的需求，也难以实现金融和文旅产业更高层次的融合和大发展。二是行业对接平台有待完善，与省市文旅行业协会的合作机制、与全国影视企业及国外影视特效和后期制作团队的联系渠道、与金融业在文旅产业扶持方面的合作创新有待进一步完善，需要省市主管部门的支持和协调。

（四）缺乏统筹引领，文旅融合协调机制不健全

广州市文化资源丰富，但资源统筹整合不足。一是区域合作机制有待完善，市区纵向统筹不足。“北部生态旅游合作区”对文旅资源的整合机制未确定，各区的发展定位未明确。各辖区在文化旅游资源的开发、产业布局等方面，既存在不平衡的问题，又存在同质化竞争的问题，不利于全市文旅产业协同发展。二是职能部门缺乏高效的横向协作机制。文旅、农业、城管、园林、宣传等管理部门间缺乏有效的融合发展联动机制和公共资源共享机制，不利于协调、制定有效的文旅产业发展规划。

（五）缺乏产业针对性，政策落地不实

一是广州目前的文化旅游产业政策体系中缺乏针对文旅产业融合的整体规划，对影视产业、数字音乐产业等具体文旅产业的覆盖度不够。二是现有促进文化与科技、金融融合发展等支持政策实操性不强，致使难以落实，政策效果欠佳。三是用地政策问题是制约文旅产业发展的核心问题，亟须省市相关部门与时俱进，创新制度，为文旅产业项目落地创造良好的政策环境。

三、旅游业发展的建议对策

（一）大力推进旅游业供给侧结构性改革，增强旅游发展新动能

积极推动全市范围的旅游业整体发展规划，促进旅游业稳步发展。在发展区域上，要进一步加快和完善南部滨海旅游产业，北部空港旅游产业，中部商贸，文化创意旅游产业，珠江经济景观产业带的建设。在品牌建设上，要认真讲好广州故事，突出广州元素，挖掘广州文化，精心培育多元化的精品名牌体系，继续放大“海上新丝路”“千年商都”两大世界级旅游名片，持续提升“珠江画廊”“食在广州”“会奖之都”“南国花城”“创意广州”“革命之都”等旅游优质名片。在产品供给上，要坚持以市场为导向，大力推进旅游业供给侧结构性改革，以品质化、特色化、多样化为核心，形成一批具有国际吸引力的旅游品牌。在经营模式上，要大力推进全域旅游发展理念，探索旅游消费升级，提升区域旅游产业融合发展能力，不断拓展广州旅游功能区，发展新业态，培育新热点。

（二）加大政策引导扶持，力促旅游产业提质升级

一是进一步统筹加大政府对旅游业的政策扶持力度。在具体政策方面，在符合生态环境保护要求和土地利用总体规划等相关规划的前提下，要进一步加快落实旅游用地供给，并进一步加强金融财税政策支持等。二是加大资金扶持力度。重点支持重大旅游项目的建设、重点旅游资源的开发、旅游公共服务设施的投入以及特色旅游商品的研发等。三是引导和鼓励民间资本依法采取多种形式合理开发市内各类风景名胜、文物、城市公园、湿地、海洋等旅游资源以及其他具有旅游利用价值的各种物质和非物质资源，不断优化旅游服务和产品供给，大力推动旅游业提质增效和转型升级。

此外，还要政府统筹引领，引进龙头文旅项目。充分发挥政府对文旅产业融合发展的主导作用，引进社会大资本、强IP。一是通过统筹顶层设计、加强市区和部门间协同、推动资源共享、补齐基础设施短板等手段，倒逼文旅产业融合创新，激发市场主体活力。二是推进文旅产业载体规划建设和招商工作，通过引进龙头企业带动产业链上下游集聚，建立文旅重点项目招商特别优待机制，为有入驻意向的龙头企业定制优惠政策和快速通道。三是完善文旅产业融资机制，通过成立国资企业作为文旅产业投融资主体、推动成立文旅产业基金、举办投融资对接会等手段，解决文旅项目融资难问题。四是研究制定促进广州市文旅产业高质量发展的专项政策，引导重点产业及新兴业态的繁荣发展。

（三）加强区域旅游合作，提升产业辐射带动功能

首先，紧抓融湾机遇，构筑文化产业高地。探索建立文化产业改革创新平台，携手港澳共建国家级大湾区文化创新发展实验区。加强政策服务支撑，促进文旅产业资源要素在大湾区范围内流动共享，培育骨干文化企业，集聚创新文化人才，推进一批创新示范、辐射带动能力强的文化产业重大项目和平台，打造规划领先、政策先行先试、湾区深度协同的文化产业创新试验田，带动产业创新繁荣发展。

其次，加强与国内其他城市，尤其是粤港澳大湾区其他城市的区域合作，充分利用广州作为珠三角政治中心、经济中心，交通中心的区位优势，不断强化广州旅游的集散整合功能，推动广州旅游实现跨越式发展。加强与港澳的合作，完善穗港澳区域旅游合作机制，重点加强穗港澳游轮，游船，游艇等方面的旅游合作。加强广州市各区之间的合作与联动，统筹整合资源，优化线路，共享利益，通过科学合理的旅游空间布局，实现广州市各区文化旅游的联动发展，提升广州市旅游的整体功能、价值、效益和影响力。加快广州市和南宁、长沙、昆明、武汉、上海、南京等高铁沿线城市的旅游交流合作，共同打造“高铁”旅游板块。广泛建立与国外主要城市的旅游合作关系，特别是“一带一路”“海上丝绸之路”沿线国家，以商务、宗教、教育、体育文化等为平台，积极开拓国际文化旅游市场。

（四）塑造文化品牌，明确城市形象定位

将广州的文化特色深度融入文旅产品打造、文旅品牌营销之中，打造城市IP，讲述广州故事。一是深挖广州城市文化内核，全力打响红色文化、岭南文化、海丝文化、创新文化四大文化品牌。二是继续突出“花城”和“美食之都”的城市形象定位，进一步丰富“花城”文化内涵，展现广州包容、开放、鼓励创新的文化特质。三是借鉴日本熊本县推出“熊本熊”作为城市IP的经验，打造能够代表广州形象、讲述广州故事的标识化城市IP。

（五）创新融合业态，打造文旅核心产业

创新文化旅游新业态和消费模式，重点发展核心产业。一是结合现有文旅资源亮点和产业特色，促进文化、旅游与教育、会展、体育等产业的有机融合，发展文旅特色小镇、数字娱乐、电子竞技等新业态，着力打造新的产业链融合点，寻求文旅产业新的增长点。二是重点发展核心产业，打造文旅产业发展极。大力发展数字文化产业。在广州现有数字内容产业优势基础上，继续壮大数字文化产业。巩固数字内容产业，推进传媒影视融合发展，打造动漫游戏产业之都、全国艺术产业中心、全球文化创意设计之城、全球文化装备制造中心，超前布局文化产业前沿领域。大力发展影视产业。广州有“全国最大电影票仓之一”的市场基础，加之《中共广东省委员会关于印发广州市推动“四个出新出彩”行动方案的通知》对广州建设大湾区影视后期制作中心的政策支持，有利于影视产业成为广州文化产业的新增长点。

（六）集聚文旅人才，赋能产业创新升级

创新文旅人才培养和引进机制，充分利用人才资源推动产业创新发展。一是主动对接大湾区高校、人才平台等，建立大湾区文旅人才孵化基地，通过举办培训班、讲座、论坛，定向培育文旅研究、经营、服务、策划人才。二是鼓励文旅行业协会组织开展培训教育、交流活动，培育复合型文旅人才，发挥行业协会服务、统筹、协调和规范的作用。三是立足粤港澳大湾区，实施更加开放的人才政策，完善创新创业服务体系，为广州市文旅产业吸引更多高端人才、创新创业团队。四是充分利用高端文旅智库专家资源，建立文旅融合专家顾问组，为文旅发展规划编制、重大问题决策提供指导。

（林怡辉　莫德杰）

创新文化品牌
推动广州文旅产业高质量发展

2009年8月，文化部和国家旅游局联合发布了《关于促进文化与旅游结合发展的指导意见》，2014年大量的支持政策出台，目前我国文旅行业已进入高速发展期，旅游行业市场规模庞大。党中央提出“要推动文化产业与旅游、体育、信息、物流、建筑等产业融合发展”。文旅产业作为第三产业的新模式，对于促进国民经济的发展升级和结构转型意义重大。文化旅游是一种特殊类型的旅游活动，是文化产业与旅游产业的融合体。文化旅游的实质是通过文化内涵的发掘、整合，通过对特定文化产品的营销，给旅游者创造独特的消费、体验的完整链条。核心在于向旅游者讲独特的故事，给予独特的体验。传统建筑是传统文化的重要组成部分，是时代文化在固定空间的表达。岭南建筑是岭南文化的重要组成部分。广州拥有大批的岭南传统建筑，古代传统宗教建筑、明清时期的书院和祠堂建筑、清末民初的西关大屋、骑楼建筑、民国时期的西洋式建筑、新中国成立后中西交融的现代建筑，构成了广州岭南建筑几大群落。广州发展文旅产业，绕不开传统岭南建筑这个文化符号、特定空间和历史载体。而围绕传统岭南建筑，相关的文旅产业的开发、经营、消费，广州还有相当大的提升空间。

一、广州传统岭南建筑资源发掘和创新的不足之处

文旅产业的生命力在于独特文化内涵及其呈现的特色体验。传统岭南建筑本身极其具有这个发掘的潜质。但目前广州在资源的利用、产品的开

发、资本的运用等方面，都还存在相应的不足。

（一）资源梳理和统筹不足

一是建筑资源位置和管理机构分散。广州传统岭南建筑的分布广泛，管理机构多，造成景区多、景点小，分属不同部门管辖，各自为政现象比较严重。二是缺少统筹经营管理的企业机构。根据《广州市机构改革方案》，组建文化广电旅游局（文广局），从政府层面上有利于促进文旅产业，但广州严重缺少具有一定资源整合力的大型文化旅游企业来统筹整合资源，进行具体的资源统筹和开发工作。三是政策资源统筹不足。当前广州市的文化旅游融合问题主要是体制机制政策不健全，发展与制度之间不配套，政策上文化归文化、旅游归旅游、规划归规划的现象依然存在，围绕文旅开发的系统政策配套还不成熟。

（二）品牌建设和营销不足

一是建筑资源背后的文化内涵发掘不足。传统宗教建筑承载的禅宗文化，明清时期的书院和祠堂建筑承载的广府文化及其传统艺术，西关大屋和骑楼承载的海上丝绸之路及商行文化，沙面建筑群及中山纪念堂、大元帅府等承载的中国近代革命文化等，对其历史沿革的梳理和文化内涵的开发，相对粗糙、模糊。二是品牌建设定位不高。缺乏具有世界影响力的文游品牌，品牌创意僵化，文化IP定位模糊，文化含量不高、黏连程度不够。对旧建筑的开发利用程度远远落后于其规模。三是营销形式单一，消费者体验性不好。对广州市文化旅游产品的推广力度不强，往往注重单点单时段的推广，推广方式传统、落后。此外消费者对文旅产品的体验一般，沉浸式体验不足。

（三）市场引导和运作不足

一是产品开发程度不高，大量资源闲置。骑楼和沙面西洋建筑大量闲置。不同文旅资源之间的整合开发不足。二是市场引导政策不够，对历史建筑的保护、开发，主要是以政府资金为主，投融资模式僵化，社会资金和其他市场主体参与度有限。三是产业结构不合理。“吃住行游购娱”六大方面，游和购的消费水平有待提升，吃和住的品牌形象有待提升，产业规模化程度不高。

（四）融入大湾区元素不足

文化自信是一个国家、一个民族对自身文化的深度认同，对文化价值观的自觉践行，对文化生命力的坚定信心，更是一种文化软实力。阅读让人加深对民族文化的理解，增强对文化传承的认知，让人们更好地感悟、理解和吸收文化。在粤港澳大湾区的建设中，要实现湾区协同发展，共建“人文湾区”，关键在于文化认同。《粤港澳大湾区发展规划纲要》指出，“支持广州建设岭南文化中心和对外文化交流门户，扩大岭南文化的影响力和辐射力”，推动湾区文化的交流互鉴。例如，广州自2006年以来，每年举办“书香羊城”全民阅读活动，全面深入推进书香社会建设，要在充分发挥阅读产业的纽带作用，共同塑造和丰富湾区人文精神内涵。要通过阅读为纽带，为岭南文化注入丰富多彩的资源，盘活广州传统岭南建筑资源。

1. 推动阅读产业发展是增强文化自信的重要路径

文化自信的生成、生长与不断增强需要外在环境中文化资源的持续导入与文化主体的自觉自省，文化自信的建构过程是文化资源与文化主体的融合过程，是文化主体将外在的文化内容转化为内在的文化认同的过程，阅读文化作品、涵养文化品位、建构文化自信，是增强文化自信的重要路径。全民阅读是引导人们走进文化经典、品味文化魅力、提升精神境界的群众性读书活动，它通过春风化雨、润物无声的文化滋养，使人们从内心生发出对中华文化的坚定信心和强烈认同，不断提升文化自信。

2. 推动阅读产业发展是提升湾区城市群文化影响力的重要手段

粤港澳大湾区是国家建设世界级城市群和参与全球竞争的重要空间载体，与美国纽约湾区、旧金山湾区和日本东京湾区比肩的世界四大湾区之一。随着经济社会的高速发展和加速转型，城市之间的竞争已经从拼经济、拼硬件、拼管理，进入到拼文化的新阶段。城市的文脉传承、人文积淀与文化品位，正在成为城市未来发展的关键力量。粤港澳大湾区既有传统岭南文化，又有国际大都市文化等多样性，同时还具有语言习俗相通、文化同源、同气连枝、同声同气，具有认同性和亲近感的天然属性。粤港澳湾区具有丰富的民间文化资源，从纵向的历史轴来看，湾区有农耕文化、海洋文化、侨乡文化；从横向的地缘来看，湾区拥有岭南文化、客家文化、粤商文化等。而阅读与城市文化发展、知识积累、历史传承、市民的精神文化水平密切相关，是引领城市走向未来的重要精神保证。

二、依托传统岭南建筑开发与延伸，推动广州文旅产业高质量发展的建议

文旅产业牵涉到多个行业和部门，融合不易，传统建筑的价值发掘在于用好其特定的空间以及这个空间所承载的历史文化，因此要坚持“政府统筹、机制创新、市场运作、多方参与、创意先行、典型示范、稳步推进”的思路。

（一）摸清底数，强化统筹，破除资源分散藩篱

一是摸清底数，做好规划。摸清传统历史建筑的底数，不光是要了解其数量、位置、年代和风格，还要理清建筑之后涉及的文化关键词，为“讲好文化故事”做好准备。从单座建筑到临近建筑群，到不同区域相关联的建筑群落，厘清内在的文化关联，为下一步的发掘，从文化脉络和故事脉络上做好规划。在规划上，不应只是局限于单点的发掘保护，而应该至少以区域为单位，规划到一小时交通圈的资源统筹。

二是统筹政策，创新机制。发展文旅产业，除文化、旅游行业外，还涉及规划国土、基建配套、金融信贷、财政税收等多种行业政策和多个部门。产业融合、机构融合、市场融合的根本是政策融合和机制创新。在出台老城区新活力的政策上，必须充分考虑传统建筑的价值发掘，并且围绕价值发掘来统筹各个不同部门和行业的政策。如建立特殊项目规划机制，从可行性研究开始全面规划项目开发，给予从国土规划到市政配套等系列支持；如完善产业引导政策，从人才、金融到税收等方面予以倾斜；如健全区域合作机制，统合不同区域的文旅产业资源，打造特色文旅体验链条。

三是组建机构，整合资源。组建大型文旅产业集团，以国有资本为主体引入不同是市场主体参与，并充分整合交通、食宿、娱乐、旅游等相关产业，打造大型文旅集团。在此基础上，围绕传统岭南建筑的价值发掘，

将相关建筑的优势资源注入其中，按照不同项目策划，打造项目公司来具体实施。

（二）突出创意，构建品牌，重新定义广州形象

1. 黏连文化，突出创意

建筑是凝固的历史文化。用岭南建筑讲好岭南故事，给消费者带去岭南传统文化的体验，才是对传统建筑价值发掘的最佳途径。文旅产业的优秀创意在于独特的文化标识以及参与和体验。因此对传统岭南建筑的文旅价值发掘，需要黏连独特的文化因素，并突出独特的体验价值。如与广州延续两千年的商贸文化黏连，荔湾区可以利用丰富的西关大屋和骑楼资源，突出“商贸福地、风情西关”的文旅创意，在依托西关大屋、十三行、骑楼、河涌等建筑资源条件下，整合行商文化，营造“叹早茶、住大屋（骑楼）、坐花船、听粤曲、行花街、买广绣”等系列全天候传统岭南“乡愁”文化体验，增加过夜游客，提高消费水平。

2. 围绕定位，构建品牌

围绕广州是海丝文化发祥地、红色文化策源地、岭南文化中心地、改革开放文化先行地四大定位，围绕“吃住行游购娱”六大要素，点面结合构建广州文旅特色品牌。建议在全市域打造“千年商都、包容广州”的大品牌格局下，从面上讲，如可依托南越王墓遗址、南海神庙、黄埔古港、北京路遗址等传统建筑，黏连波罗诞等节日和海丝及商行文化，打造“千年商都、海丝起点”子品牌；依托陈家祠、余荫山房、沙湾古镇等传统建筑，黏连广府庙会等传统岭南文化和岭南艺术，打造“广府印象、岭南古风”子品牌；依托黄埔军校旧址、中山纪念堂、三大旧址、农讲所等传统建筑，黏连近代革命历史文化，打造“红色广州、革命源地”子品牌等。从点上讲，如在“住”的方面，可修葺开发闲置的骑楼资源，大规模打造高端骑楼民宿子品牌；可依托西关步行街资源全时段打造花街子品牌等。通过品牌的打造，用文化脉络打通旅游线路，开发各类创意产品，使文旅产品能够吸引人、留住人。

3. 抓住时机，积极营销

讲好故事是文旅产业发展的核心能力。但要吸引消费者来听故事，还要做好积极的营销，做到“推开来，请进来，引过来，迷上来”。“推开来”是指将品牌和创意推广开来。应搭建一个固定的文旅品牌推介结构或组织，集中推广旅游品牌和旅游线路，充分运用互联网平台，做到集中资源做推广。“请进来”是指各类赴外的主题推介等，通过在旅游博览会、年关节庆前夕等时机举办推荐，如利用“广州过年、花城看花”等时机，充分整合文旅产品，大力邀请消费者。“引过来”是指吸引来广州出差、参加商贸活动等方面人士，如借参加广交会的时机，将消费者从商务酒店引入文旅区域，提供其更加舒适的食宿行等配套体验，将其发展成广州文旅品牌的推广者。“迷上来”是指通过积极营销和服务，增加消费者重复消费的次数。

（三）开放市场，调整产业，有序运用社会资源

1. 开放市场，引入资本

对传统建筑的价值发掘，是“老城市新活力”总体要求的最好阐释。在城市更新中结合文旅产业开发，对传统建筑进行再次定位，是文旅产业发展的最佳途径。但这个过程需要大量的资金投入，光靠政府投资是远远不够的。因此在开放市场、引入资本方面，需要不断创新，需要有效利用市场机制，创新投融资方式。上海新天地、广州永庆坊的开发利用是很好的案例。在此基础上，应进一步明确建立“政府规划、创意先行、开放市场、引入资本、多方盈利”的融资机制，用好PPP、BOT、政府采购服务等，积极引入民间资本或外资共同参与。

2. 引入资源，鼓励文创

文旅产业是多元的产业，光依托传统建筑资源还不够，应以建筑资源为载体，以文化内涵开发为核心，系统开发周边文创产品。如在岭南文化开发方面，应在岭南建筑中引入岭南传统手工艺、美食、绘画、服饰、戏曲相关产业资源，同时也要强调文创产品的时代性、创意性和趣味性。吸引鼓励文创企业、非遗手艺人等入驻相关传统建筑，形成良好的文旅现场氛围。不仅要让消费者“吃得美”，还要“带得走、穿得靓”，带动具有广州特殊文化标识的文创产品形成产业规模。

3. 优化市场，调整结构

要解决旅游消费“吃住行购游娱”六个方面散乱差的问题，需要优化市场、调整结构、培育品牌。重点优化购、娱两个市场，如打造具有文化创意的如西关小姐特色玩偶、旗袍、丝巾、团扇等系列购物产品；打造富有特色的粤曲、木偶戏、讲古等娱乐产品等，提高消费水平。重点调整住、游两个市场结构，依托传统建筑打造高端特色民宿，如西关大屋民宿和骑楼民宿；依托重点岭南传统建筑打造文化体验场所，如体验西关小姐的日常生活，体验行商文化的品质生活等。重培育吃、住两个品牌，如依托西关打造广州特色西关大屋生活体验，打造特色传统美食系列，如早茶、早晚粤菜、糕点小吃、特色宵夜等。切实做到让消费者在沉浸式体验中开心消费。

（四）发挥阅读在创新广州岭南文化中纽带作用的基本路径

1. 强化阅读环境在湾区全民阅读产业中的净化作用

阅读不是孤立存在的，而是在特定环境下进行的阅读活动。在湾区全民阅读产业的建设中，要确保全民阅读环境的优良。一是要强化宏观阅读环境的建设，从国家层面对全民阅读的大环境进行相应的建设与调控，为全民阅读的环境建设提供强有力的宏观保障。二是要强化阅读资源的出版环境建设，加强粤港澳大湾区出版单位的交流与合作，推动实现阅读资源在湾区阅读环境中的净化作用。三是强化阅读资源在传播过程中的净化控制与监管，确保阅读资源在利用各类媒体进行传播的过程中原汁原味的传播，不出现二次走样、变形的情况。四是强化阅读终端环境的建设，确保读者在各类阅读环境中都能够享受便捷、多元的阅读服务。

2. 强化阅读个体在湾区全民阅读产业中的榜样作用

阅读个体是全民阅读产业的服务对象，可能既是阅读者，也是阅读资源的创作者。在阅读产业的推动过程中，涌现了一批又一批优秀的阅读者和创作者，这些全民阅读个体榜样，在全民阅读活动中都有效地发挥了榜样的示范引领作用，以鲜活的事例、经典的作品、执着的信仰，感染着更多个体不断加入全民阅读的群体中。一是要强化经典创作者的榜样作用，加强湾区作家学者之间的交流，实现以更好的作品感染人，从而促进全民阅读相融相通。二是要强化经典活动树立的榜样作用，加强粤港澳三地全民阅读活动的联动策划，实现阅读活动的快速传播和示范效应，促进阅读活动的协同开展。

（朱锋　黄婷）

发挥教育中心功能　弘扬奋斗精神

广州是大革命的中心地和近代民主革命的策源地，影响中国近代史进程的标志性大事很多都发生在广州。建党初期，我党在广州开展了许多重大革命活动，广州一度曾是中共中央驻地，并成功召开中共三大。中国特色社会主义进入新时代以来，以习近平总书记为核心的党中央高度重视发扬和传承红色文化，高度重视红色文化的精神引领与价值引导作用，提出“把红色资源利用好、把红色传统发扬好、把红色基因传承好”。2019年10月，省委全面深化改革委员会印发了《广州市推动城市文化综合实力出新出彩行动方案》，提出打造红色文化、岭南文化、海丝文化、创新文化四大文化品牌，建设社会主义文化强国的城市范例。广州市如何更好地挖掘和利用红色文化资源，更好地发扬红色传统，传承红色基因，是一件很有必要、意义重大且势在必行的工作。

习近平总书记多次指出，随着社会发展，新兴青年人群将会越来越多，影响力越来越大，我们必须适应这个发展趋势，努力做好他们的工作。做好这项工作的前提则是对新兴青年群体文化有深入的调查和了解。广州作为改革开放先行区和新兴行业的聚集区，新的社会阶层中，大部分是青年，包括新经济和新社会组织从业人员、新媒体从业人员、自由职业者、创业青年等。近年来，新兴青年已经从最初的职业划分概念，逐渐成为一个重要的社会阶层。据初步统计，新兴青年群体已逾400万，新兴青年文化已经成为一种重要的亚文化，对广州城市和社会发展具有越来越大的影响力。本文基于“新兴青年发展现状调查”数据，对新兴青年群体文化特征、困境与出路进行探索。

一、新兴青年的文化心态与困惑

（一）新兴青年的文化心态

1. 文化共性：理性、公益和包容

调查发现，广州市新兴青年身上体现出了鲜明的文化特征：奋斗、流动、理性、公益与包容。一是广州新兴青年群体总体文化程度较高，能坚守正确的价值取向，对违法违纪、损害国家声誉行为坚决反对，能正确看待网络媒体等新生事物，持理性客观态度。二是广州新兴青年热心公益文化，诠释着广州的志愿精神。三是广州新兴青年体现了广州的包容精神，新兴青年群体能够辩证、理性看待群体亚文化。

2. 文化取向：群体内部价值诉求各异

新兴青年群体在价值诉求上存在较大差异，这些差异反映了群体内部之间的文化氛围不同。如自由撰稿人、网络作家更倾向于继续学习、进修（40.8%），新媒体从业青年、社会组织从业青年、中介组织从业青年、私营企业管理技术人员则更渴求个人工作能力的提升。处在“漂泊”状态的网约车司机群体，则最渴望拥有自己的住房（32.2%）。快递员则对职业缺乏归属感，对工作中自身生命安全比较担忧，只有15.8%的人愿意继续留在这一行业，对机关、事业单位表示出强烈的向往。且这些现状因为群体内部文化的逐渐加强而越来越固化和突出。

（二）新兴青年的文化困惑

1. “亚文化”现象明显

调查显示，六成以上的广州新兴青年认为与朋友的交流对其价值观的形成或改变影响较大。朋辈之间的文化交流充满了自由、包容、快速、创新、多样性、不确定性等特质，身处其中的青年思想极易受到自身所处亚文化圈子舆论的影响，变得价值多元且不确定。调查中，广州新兴青年对群体“亚文化”现象或行为的高认同度也说明了这一问题。当整个群体舆论渲染同一种主张时，个人往往随波逐流，形成一个个亚文化小圈子，一旦其群体亚文化冲击到主流文化，我们很难及时对其做出应对，从而导致意识形态安全问题的出现。

2. 文化圈子呈收窄趋势

调查显示，“社交范围窄”“婚恋问题”“业余生活单调”是部分新兴青年当前面临的最主要问题，也是迫切希望得到解决的问题，而究其原因则在于文化圈子太小和功能单一化。此外，少部分新兴青年还存在人际关系紧张等问题。随着互联网的发展及在人们工作生活中的使用，“宅男”“宅女”群体不断膨胀，上网成了新兴青年流行的休闲娱乐文化，从而使面对面的交流减少，缺乏对所交往对象的深层次了解，从而导致择偶范围没有随着联系人增多而扩大，反而在不断缩小。圈子的收窄也充分说明主流文化对新兴青年群体吸引力、凝聚力偏弱。群体的固化也导致参与国家和社会治理渠道减少，参与意愿也随之陷入恶性循环。

3. 政治文化边缘化

社会学家帕克把在社会转型时期体验到更多冲突和困惑、并因此而形成过渡性、边缘性、易变性和矛盾性人格特征的人称为“边际人”。新兴领域青年群体在政治上处于边缘化的状态，客观上这些群体参政议政热情不高，其参与政治性活动少，逐渐成为政治生活的边际人。新兴青年群体政治参与不足的主要原因在于工作与事业占据了他们大部分的时间精力，他们日常所谈论的问题基本都是围绕着自己的工作或者与其生活密切相关的话题展开，对于国家政治或者自己“难以企及”的事件与话题较少关注或谈论。调查显示，逾80%的新兴青年群体不是党员或团员，政治吸纳影响力偏弱，也难以实现党团组织的全面覆盖和精准服务。

二、广州发扬红色传统和传承红色基因存在的主要问题

尽管广州是全国最重要的红色文化城市之一，也被评为全国首批历史文化名城，由于种种原因，广州革命历史地位在全国革命与建设中的作用表达却还不够明显，广州的红色传统和红色基因在全国的知晓度和影响力不大。主要表现在三个方面：

1. 大革命时期广州红色史迹史料梳理不系统

广州是大革命高潮的中心地，广州是全国较早成立共产主义小组的城市，华南涌出了第一个系统传播马克思主义的杨匏安；19世纪20年代，无数优秀青年来到广州投身到大革命的熔炉中，改变着中国乃至世界的历史发展轨迹。1922年5月，第一次全国劳动大会和共青团第一次全国代表大会先后在广州召开全国，孕育和推动第一次工运和青运高潮到来；1923年6月，中共三大的召开，促成了第一次国共合作，开启了轰轰烈烈的国民革命；在广州举办的黄埔军校和农民运动讲习所，为大革命培养了军事人才和农民运动骨干；广州起义与南昌起义、秋收起义一起载入史册，广州建立了全国第一个城市苏维埃政权。作为大革命中心的广州，至今为止仍缺乏权威的广州大革命和大革命红色文化专著。查阅最权威的经党中央批准由中共中央党史研究室编写的《中国共产党的九十年——新民主主义革命时期》一书，因史实史料缺乏，未系统记述广州在新民主主义中所起的作用。因资料缺乏和认识不够，广州市也没有开展中共中央在广州党史编纂工作，没有系统论述广州在大革命时期特别是新民主主义革命中的独特地位和作用。

2. 重要红色旧址（遗址）特别是中共三大会址被毁

广州有丰富的红色文化资源，据广州党史部门普查，现存广州红色党史旧（遗）址超190处，2019年5月广州市发布首批红色革命遗址目录有115处。1921年7月23日，中国共产党成立后，在1921年至1927年间，中共中央驻地在上海、北京、广州、武汉等城市之间迁徙往还。据《中国共产党的九十年——新民主主义革命时期》记载，1923年4月底，中共中央机关（中共三大后成立中共中央局）正式迁到广州，于同年7月底又迁回上海，中共中央驻广州约一百多天。中共中央机关南迁到广州后，获得新的发展空间，成功筹备召开了中共三大，进一步扩大政治宣传和发动群众参与革命斗争。特别是中共三大正确制定统一战线方针政策，推动国共合作出现新局面，推动大革命进入高潮，广州逐渐成为全国工农运动的中心和国共合作北伐战争的根据地、大后方。遗憾的是，中共三大召开地的两层小楼房于1938年被侵华日军的飞机炸毁而荡然无存。为寻找中共三大旧址，从1958年开始至2006年，三大会址和原貌才得以廓清，耗时近半个世纪。为对中共三大会址实施保护，中共中央决定不在原会址仿建小楼，而在旁边新建中共三大纪念馆。中共三大会址被毁，以及中共中央机关旧址等重要红色旧址保护与宣传不够，影响了广州在全国党史中的话语权。

3. 广州红色文化精神的提炼概括不足

近年，更好发挥党史资政育人功能，中宣部、中央党史和文献研究院等部门加大力量对中国共产党精神谱系的研究与宣传，出版了《中国共产党革命精神系列读本》，系统论述了“先驱精神”“红船精神”“井冈山精神”等优良传统和独特的内涵与价值的精神。广州因对红色文化和广州革命精神研究不足，迄今为止，我们仍缺乏足够分量的广州红色文化专书，也缺乏诸如红船精神、井冈山精神、苏区精神、长征精神、延安精神、沂蒙精神、西柏坡精神等名扬天下的广州红色精神的凝练概括。广州没有一个叫得出来、并获得认可的名字或代表这种精神的符号。在红色传统发扬和文化基础传承上，红色广州名片未能擦亮，红色广州精神没有唱响，红色引领作用有待进一步发挥。

三、广州发扬红色传统和传承红色基因的主要对策

红色传统和红色文化是红色基因的密码，凝结我们党的价值理念和精神追求，呈现中国共产党人的鲜亮底色。近年，红色传统和红色基因的战略价值进一步凸显，发展红色文化已成为践行社会主义核心价值观、弘扬民族精神和时代精神的重要抓手。2019年7月，市委常委会听取市委党史文献研究室汇报全国党史文献工作会议精神时，市委书记张硕辅指出，要重点编辑出版一批党史著作，牢记初心使命讲好党的故事、领袖故事、广州红色故事。要加强党史研究，打造红色文化传承示范区。

1. 进一步梳理大革命时期广州红色史迹史料

20世纪20年代，广州作为大革命中心，无数优秀青年来到广州投身到大革命的熔炉中。在革命斗争中，毛泽东、周恩来、刘少奇等老一辈无产阶级革命家领导和从事的革命活动，彰显党的主张和强大生命力、战斗

力，打上了党的使命和担当的深刻烙印，体现党的本质属性和核心价值。可以说，每一处红色史迹，每一份红色史料，每一段红色历史都蕴含着丰富的政治智慧和道德滋养。中国共产党人和革命志士在广州留下的红色史迹史料，分布于广州各个区，是广州人民一笔宝贵的财富。梳理红色史迹史料，讲好中国共产党领导广州人民浴血奋战的故事，是利用红色资源、发扬红色传统、传承红色基因的重要途径。

2. 增设广州中共中央旧址纪念馆

被称为革命圣地的井冈山、瑞金、遵义、延安、西柏坡，都对中共中央旧址进行系统保护。如延安时期，中共中央先后在凤凰山、杨家岭、枣园办公，延安对每处中共中央旧址进行全面保护。上海除中共一大、二大、四大会址纪念馆外，对1923年8月后，中共中央从广州迁回上海后，在三曾里遗址短暂办公，上海市设立了中共三大后中央局机关三曾里遗址（位于上海市静安区临山路 202—204号）。与广州相似，中共中央在武汉召开第五次全国代表大会，中共中央曾短暂驻武汉。武汉专门设立武汉中共中央机关旧址纪念馆。中共三大会址纪念馆虽也曾设《春园故事——中共中央在春园》专题展览，但一直没有设立广州中共中央旧址纪念馆，无法直观显示中共中央机关驻广州这一事实。结合广州红色文化传承示范区建设，应当在中共三大会址纪念馆基础上，增设中共中央机关旧址（春园）纪念馆，使春园、简园、逵园，以及多达400栋历史建筑等一起构成具有红色文化和岭南文化的巨大露天博物馆。

3. 提炼广州红色文化精神的内核和品质

对红色文化进行研究阐释是发扬红色传统和传承红色基因的关键。一种精神之所以能够得到传承和发展，一定有一个永不变更的内核，有一个象征。从中国共产党精神谱系中，在红船精神、井冈山精神之间，还应当包括初步形成统一战线理论的广州红色文化精神。对广州来说，要深入挖掘研究大革命史，总结广州在中共三大、第一次国共合作、统一战线、大革命、北伐、工农群众运动等不同阶段形成的红色广州精神，凸显广州红色在全国文化中的地位和作用。要对广州红色文化精神进行深度的研究和阐释，要高度概括广州红色文化内核，浓缩广州红色文化品质。也曾有党史专家曾提出可以概括为“红棉精神”或“广州精神”，既表现出广州人民在革命战争年代的不畏牺牲、顽强拼搏的革命精神，也表现出在改革开放时期广州人民敢为人先、自强不息的进取特质。

4. 加强对新兴青年群体的组织引导和价值观培育

针对新兴青年群体圈子收窄，构成复杂多变的特征，第一，要设立专门或协调机构，对广州市新兴青年群体的具体构成和详细分布进行摸底调查，对该群体发展的问题和趋势进行科学的研判，推动出台针对性的政策措施，切实为新兴青年群体发展提供权威指引和“家门口”的服务。第二，推动党建、团建对新兴青年群体的全面覆盖。一方面强化直接联系，建议各级党团组织要建立直接密切联系新兴青年群体的各项制度和工作安排。另一方面要强化组织联系，积极推动成立新兴青年群体社会组织，在有条件的群体中建立和扩大党团组织覆盖。此外要强化阵地联系，积极利用各级党、团等各类阵地为新兴青年群体提供固定场所。第三，针对新兴青年这一“易感人群”的行业分布建立动态的分析研判机制，加强分层分类引导。广州毗邻港澳台地区，与国际城市交流频繁，一些错误的思潮较易对广州新兴青年群体产生影响，所以要针对新兴青年群体中的不同类别、层次的青年提前做好研判，有针对性地分层分类引导和预防。此外，还要注重传播渠道的差异化，根据不同群体的不同平台应用对应的话语体系和措施。第四，注重培育青年骨干和意见领袖。新兴青年群体中也有许多优秀的青年，有针对性地凝聚和培养，有助于逐步建立联系枢纽、树立意见领袖，形成新兴青年统一战线，从而加强对该群体的凝聚和引领。

5. 强化对新兴青年群体的文化支持服务

第一，创新青年文化发展平台。针对广州新兴青年文化发展不平衡、不充分和不协调的现象，为不同类型的青年文化搭建与之对应的发展平台成为亟须。动漫文化需要在闹市区建设展示平台和创新基地，流行音乐需要文化节目的大力支持，网红文化需要在官方的平台被正名。不同的诉求需要相关服务部门和机构细致的策划和有效的平台搭建，并进行充分的平台融合和创新管理机制。除了线下平台之外，线上平台的构建也不容忽视。第二，优化青年文化空间内容。纷繁复杂的新兴青年文化首先需要设立标准，首要的标准便是价值判断，有没有倡导正确的世界观、人生观和价值观尤为重要，针对价值走向不正确的青年文化内容必须予以整治和扭转。其次是新兴青年文化的正确性，这种正确是广义性的正确，是否客观科学，是否顺应社会发展成为优化青年文化内容的重要标准，这一优化的过程需要持续细致的分层分类。再次值得注意的是新兴青年文化的政治正确，由于新兴青年群体相对容易走偏乃至走向极端，与之共存的青年文化则更加需要加以正确引导和严格监督，让真正有利于党和国家发展的文化占有更大的发展空间。第三，吸纳融合优秀青年文化。一方面可以探索岭南文化等本土优秀文化在新兴青年群体这一崭新载体上的融合和创新发展；另一方面可以拓展新兴青年群体与外来青年的交流渠道，尤其是对新的文化产品、平台等提供必要的资源支持。此外还需要努力探索新兴青年群体带着优秀文化走出去的路径，通过粤港澳大湾区、“一带一路”将优秀文化传播出去同时也带进来。

（刘新峰　王婵娟）

第五章
提升城市综合服务功能

▲ 提升城市规划建设管理品质　打造“广州品牌”

▲ 高效开发利用国际金融城起步区　服务“金融强市”战略

▲ 推进生态文明建设　打造“广州样板”

▲ 加大广州医疗建设力度　发挥医疗中心功能

提升城市规划建设管理品质打造“广州品牌”

一、容貌示范社区创建助力宜居城市环境建设，摸索基层社会治理广州经验

容貌示范社区创建工作，由市城管综合执法局牵头统筹，市住建局、市林业和园林局、市体育局等相关职能部门按照各自职责对口指导、协同推进，各区党委、政府作为创建实施主体具体组织开展。以涵盖容貌秩序、环境卫生、门前“三包”、广告招牌、垃圾分类、燃气、井盖、园林绿化和城市照明等作为创建内容，按照“政府主导、部门主责、街（镇）主体、社区主动”的工作思路，通过解决市容环境顽疾和历史遗留问题，打造“地面干净、立面整洁、秩序井然、环境优美、居民满意”的宜居城市环境，示范带动更干净更整洁更平安更有序城市环境建设向城乡结合部、背街小巷及老旧社区延伸覆盖，不断提升市民群众的获得感、幸福感和安全感。近年来，创建工作被列为广州惠民利民工程，纳入市政府工作报告，明确为全市重点工作，成为建设干净整洁平安有序城市环境的重要抓手。开展容貌示范社区创建工作以来，初步构建了良好的创建工作平台，形成了完善的创建工作机制，在社区群众中激发了浓厚的创建热情，社区的环境面貌得到了有效提升。截至目前，已经成功创建150个市级容貌示范社区，累计惠及居民群众逾200万人。

创建容貌示范社区着重从居住人口相对密集、基础条件相对不够好、居民幸福感相对不够强的老旧社区中选取创建单位，从解决居民群众家门

口一米、十米、一百米范围内的垃圾多、墙壁破、电线乱、进出难等身边事、细小事做起，以点带面改善社区环境秩序，提升社区容貌水平，为城市各项治理要求落实在基层“最后一公里”搭建了平台，是贯彻落实以人民为中心发展理念和构建“令行禁止、有呼必应”基层党建工作格局的具体实践。仅2017、2018两年，全市通过创建共开展督导检查3043次，整治4873次，实施改造提升项目1931个，解决城市管理难点问题2457宗，创建工作取得了以下主要成效：

（一）广泛凝聚了社会共识

通过强化宣传、典型示范、成果展示，创建理念不断深入人心，创建氛围日益浓厚，居民群众的知晓率、支持率和参与率不断提高，纷纷从“站在旁边看”到“跟着一起干”，形成共建共治共享良好局面，齐参与共受益逐渐成为社会共识。白云区梓元岗社区梓元岗大马路沿街商铺档主及屋主自筹资金89万多元对商铺和楼房外立面进行升级改造；黄埔区中海誉东社区、天河区杨箕东社区物业公司分别主动投入290万和50余万元资金，改造无障碍通道、翻新园区栏杆、增设文体设施、维修地面瓷砖等；增城区锦绣社区御景路临街商铺经营者守望相助，协调建立35个“社区容貌守望岗”，示范带头维护各自责任区范围的容貌秩序，并主动劝导周边商户及行人摒弃不文明行为。

（二）解决了市容环境顽疾和历史遗留问题

解决了公共设施破损、建筑外立面污损、长期“霸道”经营、卫生死角、“三线”凌乱、水浸黑点等问题。荔湾区西湾社区整治了长期让住户苦不堪言的4200平方米卫生及治安黑点，解决了久拖不决、难以根治的环境问题；海珠区海城社区圆满解决了居民群众因处理历史违法建设问题而信访至李克强总理的事项，当事人深受感动，感谢创建工作为老旧小区容貌环境带来的优化与改善；花都区京华社区车辆厂小区修复路面和花基带500平方米，规整凌乱“三线”53000平方米，整饰建筑物外立面1300平方米，翻新篮球场、排球场2200平方米，新增、更换破旧健身器材共30余件，重新规划停车位4000米，建成30多年的小区旧貌换新颜；黄埔区保税社区将一处卫生死角建为停车棚，并配备充电插座，切实解决单车、电瓶车乱停放、充电难问题。

（三）推动了法规、规范和制度的落实

颁布了《广州市市容环境卫生管理规定》《广州市户外广告和招牌设置管理办法》《城市容貌规范》、门前“三包”制度、垃圾分类制度、井盖设施管理试行办法等。越秀区中山一社区、白云区张村社区大力推进“厕所革命”，对辖内公厕进行升级改造，提高公厕建设标准和管理水平；从化区新村社区清拆不规范广告招牌1000平方米、广告墙布170平方米、广告灯箱114平方米，切实消除安全隐患，进一步净化美化社区立面环境；南沙区新垦社区、黄阁社区加强井盖设施维护管理，及时排查处置问题井盖，切实保障居民群众出行安全。

（四）构建了长效工作机制

完善了组织保障机制、政策保障机制、经费奖励机制、抽检复查机制等。全市成立各级容貌示范社区创建组织机构，各区建立了区政府统筹主导、区城管局组织指导、街（镇）协调推进和居委会具体落实的联动组织体系；市城管综合执法局每年制订方案，明确标准，细化内容，各区制定了具体的创建方案和工作任务表；市财政专门把奖励经费列入专项预算科目，创建成功的社区奖励100万元；对创建成功的容貌示范社区，各区每年组织不少于一次复检复查，市每年抽取不少于10%的社区进行复检复查，对维护不力、管理不善、脏乱差反弹的社区，视情取消称号，收回铭牌，并通报全市。

二、推动容貌示范社区创建再出新彩，为广州老城市焕发新活力再立新功

习近平总书记指出，城市治理的“最后一公里”就在社区。十九届四中全会对城乡基层治理作出顶层设计，要求健全党组织领导，加强群众参与，健全社区管理和服务机制。广州容貌示范社区创建具有“把工作落实到社区、把问题解决在一线”的先天优势和“强化基层党建、延伸服务触角”的平台优势以及“完善群众参与基层社会治理制度化渠道”的政策优

势，在更加强调以人民为中心发展理念的语境下，势必大有可为，也理应更有作为。

随着创建工作逐年深入，内容更加丰富、程序更加严密、成效更有保障，但离广州构建“令行禁止、有呼必应”基层党建工作新格局和实现老城市新活力要求还有不小差距，作用发挥有待进一步提升，工作成效有待进一步凸显，主要存在创建氛围不够浓厚、社会参与不够深入、保障机制不够有力等问题。容貌示范社区创建工作必须更好地融入广州构建“令行禁止、有呼必应”基层党建工作新格局，更加注重强化党员干部责任担当，持续改善城市治理“最后一公里”，叫响基层治理“广州品牌”，为实现广州老城市焕发新活力提供有力保障。

（一）营造容貌示范社区创建浓厚氛围

当前，容貌示范社区建设已经搭上构建基层党建工作新格局的东风进入快速发展期，必须进一步营造良好氛围，凝聚社会共识，激发社会各界和居民群众的创建热情。一是强化创建理念宣传。用浅显易懂的语言，深度解读容貌社区创建工作，把“为群众创建，请群众参与，让群众满意，持续优化城市容貌、提升城市品位和群众幸福指数”这一创建方针传递到社会治理的“神经末梢”，让“创建为民、创建惠民、创建靠民”这一创建理念深入大街小巷，赢得群众掌声。二是讲好创建故事。进一步整合宣传力量，创新宣传形式，丰富宣传渠道，特别是要深入基层一线采风，把创建故事讲好，讲出百姓味道，反映群众心声，提升群众知晓率和满意度，进一步夯实创建工作的群众基础。三是激发创建热情。要通过大力宣传，把创建活动与创文、创卫等重点工作整合起来，实现创建工作的外延扩容，依托民生工程激发群众共鸣，进一步发动和依靠社会力量和居民群众，增强基层社会治理的感召力，强化基层组织特别是广大群众在创建工作中的“主人翁”地位，充分激发全社会的创建热情，动员更多社会组织和居民群众从“站在旁边看”到“跟着一起干”，形成创建的强大合力。

（二）发挥各级党组织的领导核心作用

抓好容貌示范社区创建工作的关键在党的领导，重心在基层组织，必须借力构建基层党建工作格局和“有呼必应、有应必诺”工作机制，健全以基层党组织为核心，以群众自治组织为主体，社会各方广泛参与的新型容貌示范社区创建体系，真正使党的政治优势、组织优势转化为基层治理优势。一是支部联动带动。市、区、街（镇）各相关单位党支部主动对接创建社区，建立对口指导机制，将创建工作全面纳入党支部日常工作中，开展点对点创建帮扶。二是街（镇）党组织靠前组织。街（镇）党组织在社会动员方面要充分挖掘潜力，积极发挥属地优势，主动与辖内党组织融合共建，推行党建联席会议制度，建立居委、企业、业委、居民自治的创建工作推进机制，在容貌示范社区创建工作中认真倾听民意、收集民意，问需于民、问计于民、问策于民，及时发现和解决老百姓身边的关切和难题。三是社区党组织主动推动。由社区整合社区党员、在职报到党员、居民群众、驻区单位、社会组织等相关资源，对标容貌示范社区标准，以党员入社区服务为牵引，借力“网格长”每日巡、经常访、及时记、随手做、随时报等工作机制，组织居委会、企业、物业公司、业委会同抓共管、同频共振，发动组织社区党员、干部和居民群众积极主动参与到创建工作上来。

（三）推进容貌示范社区创建工作不断深入

容貌示范社区创建只有起点，没有终点。只有强有力的组织保障、政策保障和经费保障，才能让容貌示范社区创建工作焕发出持久的生命力，更好地惠及民生、造福百姓。一是整合职责体系。容貌示范社区创建与微改造在外立面整饰、三线规整、公共设施改造提升等方面相融相通，尤其是社区公共区域改造提升部分完全一致，不少区借力“微改造”推进容貌示范社区创建，因此建议两项全市重点工作调整由一个部门负责，以期更好地整合资源、形成合力、提高成效。二是纳入重点工作。各区参照市的做法，将创建工作列入区政府工作报告，明确为重点工作，安排专项资金保障，重点进行督查督办。三是建立高位协调机制。由市领导牵头，成立市创建容貌示范社区工作联席会议，定期召开专题会议，研究部署创建任务，协调解决重点问题，强力推进工作开展。

（四）加强广州智慧地下城建设，创新社区发展模式

1. 设立统筹地下空间开发利用的综合性部门，强化地下空间开发利用的统一管理

地下空间的开发利用涉及多个部门和行业，保证广州市老旧社区地下空间在顶层规划和正确决策方面的科学性、权威性是最重要的，对于功在当今、利在千秋的专业化非常强的大事业必须要有具有高瞻远瞩、业务精深、精干权威的管理机构。设立统筹地下空间开发利用的综合性部门，明确职权，明晰分工，迅速将现有的分散建设模式实质性地转移到总体规划、合理连通的轨道上来。要认识到城市核心区的地下空间是非常稀缺的资源，不合理的规划一旦实施将造成无法挽回的损失。

2. 成立“广州地下工程研究中心”，加强地下空间开发利用统筹研究

广州地下工程研究中心立足长远，将科技攻关方向放在“工程、装备、工法”的融合方向上。面对地下工程施工中的安全、环保、效率的一些突出问题，将超级大城市广州的地下工程规划与施工推向更高端、更科学的发展方向；从大湾区地下工程建设的规划、实施等实际出发，确认研究方向与课题，并参照广州地铁集团牵头的“城市轨道交通系统安全与运维保障国家工程实验室”的1家牵头、7家联建、N家协同”的“1+7+N”的创新模式，整合资源，逐步使广州地下空间研究中心升级至国家工程中心。

3. 注重解决在交通、环境、安全等方面存在的单项难点、痛点问题

这些项目实施后可能没有成片开发区域那么好的显示度，但投入小，见效快，比如广州公交集团散布在核心城区的零碎地块，推进地下空间停车场开发，将一定程度上缓解核心城区停车难的问题。

（吕爱武　刘洋）

高效开发利用国际金融城起步区服务“金融强市”战略

随着我国城市建设进入了中等化发展阶段，带来了相应的土地问题。为了解决土地问题，必须转变发展方式，采用节约集约用地的模式。节约集约用地主要包括三个方面：其一是节约用地，各项建设都要尽量节省用地；其二是集约用地，每宗建设用地必须提高投入产出的强度；其三是通过整合置换和储备，改善建设用地结构、布局，挖掘用地潜力，提高土地配置和利用效率。节约集约用地是各级政府部门的主要管理职能，不同的地区和城市因地制宜，走出了不同的发展道路。其中，广东三旧改造、“腾笼换鸟”等都是节约集约用地的典范。本文以广州国际金融城起步区项目为例，对城市发展过程中遇到节约集约用地问题及城市综合开发问题进行分析，提出对策及建议。

一、加强城市土地节约集约用地的现实意义

（一）土地综合利用提升城市形象

我国正在经历城镇化进程，城市规模不断扩大，且有向一、二线城市集中的趋势，带来了发展节约集约用地与生态文明城市建设之间、保持城市总体容积率与保留足够的公共绿化用地且保证生活便利、交通便捷之间的矛盾。唯有走城市综合功能开发之路才能避免超大城市发展过程中的城市病。国内外大城市例如旧金山、东京、香港等典型城市，研究和发展TOD模式，通过轨道交通来领导城市发展，它们根据不同的资源条件发展，形成其独特的发展模式。目前，广州地域开发也循着这种模式，建立

中心广场或城市中心区发展多元化综合功能区。

（二）城市土地节约集约利用具有巨大潜力

我国已是世界第二大经济体，具有雄厚的经济基础，城镇化进程在向一、二线城市集中，党的十八届三中全会对土地管理制度改革作了系统部署，进一步明确了“节约集约用地”的要求。因此，大型城市交通节点节约集约用地的模式具有巨大发展潜力。广州猎德村的成功改造就是典型案例，广州以先行先试的精神率先推行“三旧改造”，使旧村庄摇身变为城市CBD的重要组成部分，成功实现了土地节约集约利用。

（三）发挥市场的作用缓解政府财政资金压力

大型城市节约集约用地和城市综合功能开发，难点在于土地收储和市政交通建设在前、土地收益在后，使政府面临巨大的财政压力。因此，建立完善的土地收储制度，引入大型国有企业参与相关流转，按服务收齐费用，然后在土地拍卖市场通过公开公平竞争获取土地，提高土地的使用成本，是有效提高土地利用效能的有效途径，也能有效缓解政府财政资金压力。

二、广州国际金融城起步区节约集约用地案例

（一）广州国际金融城起步区概况

广州国际金融城起步区项目用地面积约1.32平方公里，公共地下空间工程总规模约48万平方米，该项目的地下公共交通规划突破了以往先发展后建设的模式，通过整合区域内地块地下空间外的公共空间，对地下空间进行整体规划、统一建设，将金融城打造成一个完整的地下交通系统和局部的商业系统，涵盖多个地下功能区。

（二）各层功能布局

地面层为地面市政道路、广场、隧道车行出入口以及地下空间出地面设施等；地下一层为商业夹层、地下公交车站、综合管沟、市政管线直埋层，是以人为主的公共活动层；地下二层为地下商业街、新型交通站点、出租停靠站、商业卸货区、市政（管沟、隧道）设备用房，包括地铁站台层等。考虑到未来的弹性需求，在竖向设计预留空间以便将来改造公共活

动层；地下三层为机动车库、设备层及地铁站台层。

（三）地下公共服务设施

统筹考虑地下商业服务设施、地下文化设施、地下娱乐设施等规划，并控制地下空间缓冲区的市政、道路、采光、通风、安全疏散等功能，设置公共地下空间连通地面的公共出入口、逃生楼梯、通风排风口、市政管线投料口、出线井以及人行、车行通道，部分作其他功能开发。

（四）地下空间基础设施

系统布局地下管线综合管廊，在主干道铺设综合管廊主干管，在辅路铺设综合管廊次干管，综合管廊与地下道路管隧共线敷设，使其既能满足当下需求又具备良好的可拓展性。综合管廊内收容的管线主要包括电力、电信、上水管线，并预留空间作为将来可能的中水、供热等管线的需求。对于煤气管线和雨水、污水等重力流管线，考虑到安全及成本问题暂不收容于综合管廊内。后期可将供水、排水、供气、物流等其他市政基础设施结合改造逐步实现地下化。

三、广州国际金融城起步区规划建设存在的主要问题

（一）建筑功能改造适应性差

市政地下主干道预留了新型轨道交通的仓位，其原规划做轻轨接口，但后来取消了轻轨的规划。由于它无法转为用于地铁发展的方向，就只能按其原规划条件实施，导致无法进行改造。

（二）配套设施没有条件设置在地面层

该项目在规划设计方案阶段对于出地面的设施设置了相关原则及范围，但作为纯地下建筑，仅有通向地面消防疏散用途的构筑物，没有条件按照相关规定在地面层设置开关房、配电房、垃圾房、泵站、货运电梯等多功能建筑的配套设施，目前只能根据现有条件进行报批报建。

（三）地下空间商业部分的供冷方式采用集中供冷，冷源的配套难以配合项目建设

一是该项目的供冷站建设在周边的地块，与其地块工程共建，其建设

周期与实施建设的周期不能协同，难以同时推进建设进度。二是由于没有地面层，采用风冷水冷方式的供冷形式较难满足实施条件。三是协调供地方式和投资模式，供冷站的建设进度是投用需求的关键。

（四）与周边地块建筑的交互影响

一是周边地块项目的地下室侧壁与实施隧道侧壁存在碰撞问题。二是建设部分与轨道交通项目交接的地面电房、涌进口节制闸、管理用房、绿化平台、消防车道、出地面风井等方案需协调融合，且面临多方需求及投资建设界面问题。三是周边地块的支护及建设的基坑存在较多的冲突。四是存在投资界面问题需要协商，局部位置结构需采用共板形式进行处理。

（五）缓冲区的建设

为了满足市政道路地下的公共地下空间的需要，根据控制性详细规划，沿道路两侧出让地块红线内设有10米宽的缓冲区，用作公共地下空间疏散通风以及市政设施投料出线等。原则上缓冲区内除地下空间必要的疏散通风及投料出线设施外，其余部分区域仍属出让地块地下可建设范围。在办理建设工程规划许可证时，需取得周边地块出具的缓冲区建设复函，但由于各个地块业主认为建设的缓冲区对其立面、地面出入口及道路布局、消防等影响较大，因此不同意出局复函，协调难度较大。

（六）与地块接口的处置

地下环路与周边地块建筑地下室车库的车行接口处安装的人防门、防火卷帘等设备，既要满足车行的道路标准、人防和消防的设置要求，又要明晰相互的建设时间、施工顺序及工作界面，大量的协调确认工作影响设计和报建工作的推进。

四、加强城市土地节约集约利用对策建议

（一）坚持政府主导节约集约高效利用土地资源

城市化给社会发展带来驱动力的同时，也给中国社会发展带来诸多社会问题。要坚持以经济建设为中心，把发展作为第一要务，盘活存量建设用地，要通过城市更新、旧城改造、新型城镇化、城市空间治理推进城市

土地挖潜等。城市交通引导、综合功能组团是实现可持续发展、合理规划大型城市综合功能节点的方式。

（二）建立城市土地资源规划管理体系

集约利用资源，拓展城市综合服务功能，离不开高质量的城市规划，必须具备前瞻性。因此，政府在制定城市土地利用总体规划时，要有长远的打算，对大型综合功能项目开发应统筹考虑一体化开发设计理念，地下空间的开发利用应在建设条件稳定的情况下开展；地下空间的开发利用应充分考虑地面配套设施的建设内容，并在规划条件中优先设置；地下空间的开发利用应把配套项目一起考虑进去，同步建设，同步投入使用；对存在缓冲区建设的地下空间开发利用项目，在方案设计阶段就应把建设内容全部稳定下来。统筹与周边地块的建设方案，采用共基坑的设计，统一进行地下结构的施工。

（三）鼓励发展地下空间的交通体系

以该项目为例，地下空间不仅包括交通体系，还包括地下商业、广场、地下市政、地下综合管廊功能等。必须做足前期规划研究，要构建相互衔接、方便快捷的快慢速交通网和人流及商业区。打造空间互通的超大型连片地下停车场，有效提高容量。

（四）扶持基于综合功能节点开发的研究

每个综合功能节点都有不同的环境资源因素，要实现开发效益最大化，需要面临的问题较多，历史文化的保护、环境资源的保护利用、原有道路体系的合理利用与改造等。政府除了扶持和鼓励外，还应以各类评估机构、规划研究院为依托，通过多方合作进行实地调研，研究出符合大众利益的开发方法。

（五）大力发展以国有企业为主体的土地收储

完善土地收储制度，规范地权评估与银行抵押，减少收储过程中的权力寻租行为，倡导以国有企业为主体的土地收储，增加利润空间，减小土地收储难度，真正做到提前储备土地所有权，增加政府卖地收益。

（伍时辉）

推进生态文明建设　打造“广州样板”

一、广州已形成将生态优势转化为经济社会高质量发展优势的新态势

近年来，广州市坚定不移贯彻新发展理念，着力厚植生态优势、发展绿色经济、倡导低碳生活，对发展生态友好型高质量发展新模式进行了有效探索。先后获得“国家森林城市”“全国生活垃圾分类示范城市”“国家水生态文明示范城市”“国家循环经济示范城市”“联合国改善人居环境最佳范例（迪拜）奖”等荣誉称号。2019年11月4日，联合国工业发展组织绿色产业平台中国办公室在“2019中国绿色发展论坛”上发布的《2019中国城市绿色竞争力指数报告》显示，广州市城市绿色竞争力位列全国290个城市第4名（前三名是北京、深圳、三亚），较2018年上升1名。

（一）生态环境持续改善

广州自然环境优越，山水林田湖海要素齐全，形成北部山林—中部城镇—南部水网、农田和海洋的生态结构。截至2018年林业用地431.5万亩，森林蓄积量1720.6万立方米；全市建成区绿地率39.22%，绿化覆盖率45.13%、森林覆盖率42.31%，人均公园绿地面积17.3平方米[①]；建成绿道3500公里，都市慢生活绿色休闲空间初步形成。水域面积755.6平方公里，占全市国土面积的10.15%，市河道有1368条，水库368座，主要生态调蓄湖15个，湿地公园19个；城市供水水源以地表水为主，城市集中供水

① 网址：http://lyylj.gz.cn/zwgk/sjfb/content/post_5347276.html.

水源地达标率100%，城乡自来水普及率达到100%。

环境空气质量持续改善，2019年1月至11月，空气质量达标249天，PM2.5平均浓度为31微克/立方米，同比下降13.9%；二氧化氮平均浓度为47微克/立方米，同比下降6.0%；二氧化硫平均浓度为7微克/立方米，同比下降30.0%；臭氧浓度为199微克/立方米，同比上升11.8%。水污染防治平稳推进，2019年1月至11月，地表水水质优良断面比例53.8%，同比上升7.7%，劣Ⅴ类水体控制比例7.7%，同比下降23.1%；13个考核断面中，10个断面水质同比好转，3个断面水质类别无变化，但主要污染物指标改善；完成清理整治“散乱污”场所37727个（任务数为15351，任务外新完成22376个），任务完成率达246%，初步估算每年减排废水约50万吨、二氧化硫84吨、氮氧化物85吨；新建成并投入运行污水处理厂2座，新增污水处理能力10万吨/日，新建污水管网4169公里，超额完成全年任务，城市污水处理率达95.53%，全市再生水回用率超过了12%；国家监管的147条黑臭河涌已全部达到“初见成效”标准。

（二）绿色经济持续推进。

2018年，广州市第一、二、三产业增加值比例为0.98：27.27：71.75，先进制造业增加值占规模以上工业比重为59.7%，现代服务业增加值占服务业比重达66.5%，产业结构进一步优化。2018年底，广州市资源产出率较2012年提高17%以上，能源产出率提高12%以上，广州市工业固体废物综合利用率达到95%以上。

推进绿色制造体系建设。推动绿色制造体系示范项目建设，累计创建工业和信息化部创建绿色工厂25家，绿色设计产品78种，绿色供应链管理企业1家，绿色制造第三方评价机构7家，数量居全国前列。推进千家企业清洁生产行动，已推动超过1800家企业开展了清洁生产，年节约能源超30万吨标准煤，减少废水排放2280万吨，节水1760万吨，节能减排效果显著。推进“重点用能单位节能低碳行动”，2018年，全市单位工业增加值能耗为0.318吨标煤/万元，比2015年下降约17%。推动工业园区循环化改造，推动全市28个工业园区编制实施循环化改造方案，全市建成分布式光伏发电项目总规模超过250兆瓦。大力发展生态农业。2018 年推广测土配方施肥技术面积约130.5万亩，有力促进了农药和化肥的减量使用，全市农作物秸秆循环利用率达 90.2%。累计创建2个全国休闲农业和乡村旅游示范区，1个全国休闲农业和乡村旅游示范点，5个省级休闲农业与乡村旅游示范镇，15个省级休闲农业与乡村旅游示范点。推动服务业绿色发展，1家企业入围创建首批国家绿色商场（全国25家）；推进花都区建设国家绿色金融改革创新试验区，引进或设立各类绿色机构超过300家，2018年金融机构为绿色企业提供融资超过70亿元，为绿色企业节省超过5000万元利息支出。

（三）低碳生活初步形成。

2018年，建筑废物利用率达到30%以上，生活垃圾回收利用率达到34.5%以上，城区餐饮企业废弃物集中回收率达到60%以上，80%以上的再生资源得到回收利用。

实施绿色建筑示范工程，2018年全市新增节能建筑面积约1982万平方米，可形成年节煤8.98万吨、减排二氧化碳28.35万吨的节能减排能力。推进低碳交通建设，2018年底全市新能源汽车保有量达10万辆，建成各类充电基础设施约2.6万个，累计投入运营纯电动公交车11225台，建成公交车用充电桩4353个，全面实现公交电动化，电动公交车投入规模居世界城市前列；2018年累计优化调整及新开公交线路60条，市区与地铁衔接的公交线路达到90%；大力推进客运站场节电节水技术应用，节能灯具安装比例高于95%，市公交集团所属公交站场2018年比2017年节约用电约41万度。建立健全再生资源回收体系，建设回收站点约2500个，初步建立起“城市矿产”回收利用体系，促进垃圾减量超过10%。鼓励在建工地的废弃物循环利用，建成18条移动式建筑垃圾循环利用生产线和11家固定式建筑垃圾循环利用企业，年处理能力约3400万吨。大力推进生活垃圾终端处理设施建设，全市2018 年城镇生活垃圾处理总量557.56万吨，无害化处理率达100%。普及绿色消费。全市各学校开展生态保护专题讲座4000多场，开设校本课程2600多门。在星级酒店推广减少使用一次性用品，95%的酒店在客房放置“环保提示卡”。

（四）水生态环境得到优化

近年来，面对新形势下的治水要求，广州积极转变治水思路，坚持“控、截、清、调、管”系统性治水方针，积极从“末端截污”向“源头治理”转变、从“工程优先”向“建管并重”转变，采取了一系列行之有效治水措施。

1. 从末端到源头，全力开展源头治理

转变以往末端截污方式，以“源头减污，源头截污、源头雨污分流”为着力点，系统推进源头综合整治。一是以“洗楼、洗管、洗井、洗河”为抓手，开展源头减污。近两年，全市累计出动洗楼人员79.3万人次，摸查建筑物171.9万栋，摸查出污染源19.8万个（其中涉嫌“散乱污”企业9.1万个，已清除污染源8.7万个）；洗管总长10447公里，洗井36万个，清理非法排污口2014个；洗河2285条次，清理河岸立面5954.9万平方米、水面漂浮物15万吨，拆除涌边违建974.5万平方米。二是推进污水收集处理设施建设、城中村截污纳管改造，开展源头截污。到2020年，全市将建成70座污水处理厂，污水处理能力达到760万吨/日，建成排水管网总长度将超过26000公里，有效补齐污水收集和处理设施短板。三是实施排水单元达标建设和合流暗渠清污分流改造，开展源头雨污分流。坚持以“污水入管（厂）、清水入河”为目标，全面推进雨污分流工作。到2020年底，全市排水单元达标比列将达到60%；到2024年底，建成区雨污分流率达到90%以上。

2. 从分散到整合，实现排水设施一体化管理

摒弃“厂网分离、供排分管、各自为战”的碎片化管理模式，全面深化排水管理体制改革，成立广州市城市排水有限公司，组建专业运维和抢险队伍，统一管理中心城区排水设施，基本改变以往公共排水设施“市、区两级+雨、污分割”“你中有我、我中有你”的多头管理局面。积极推进供排水一体化联动，采用以排定供、以排限供的方式，加强对新增用水户排水接驳的规范化管理。

3. 从无序到有责，狠抓河长责任落实

建立“市第一总河长（市总河长）—流域河长—市级河长—区级河长—街（镇）河长—村级河长—网格长”的多级河长体系，治水责任压实

到人。一是坚持流域整体治理。在市、区、镇（街）、村（社区）四级河长基础上，设置9大市级流域河长，强化上下游、岸上下、全流域协同治水。二是推行网格化治水。按照“小切口，大治理”理念，以全市1.97万个标准基础网格为河涌治理单元，设置网格员、网格长，发挥一线“岗哨”作用。三是实施“河长吹哨、部门报到”。发挥河长领治作用，河长、网格长巡查发现上报问题，按职责交由水务等相关部门落实整改。四是全面推行河湖警长制。把公安机关纳入河长制体系，打出“河湖长+河湖警长”组合拳，坚决打击涉水违法犯罪行为。五是加大问责力度。出台《广州市全面推行河长制湖长制工作考核办法》《广州市水环境治理责任追究工作意见》，考核和问责有据可依。

（五）垃圾围城问题得到缓解

根据《广东省城乡生活垃圾处理条例》，生活垃圾处理包括清扫、分类、收集、运输、处置等活动，可分为前端清扫保洁、中端收集转运、终端处置三个环节。前段、终端环节由区和街道两级负责，各区因地制宜，采取的模式也有所差异。

前端环节。目前广州市各区主要采取“属地原则”，区一级负责监管、协调、应急以及辖区内主要市政道路的保洁，街道负责辖区内街内巷的清扫保洁。

中端环节。多种收运模式相互交叉，横向“属地原则”和纵向“职能原则”并行。运营模式上，街道辖区内的生活垃圾收运或外包或自己管理。在收运环节上，广州中心城区采用政府和事业单位建立环卫运输车队作业模式，如海珠区则由机械化作业中心（公益一类事业单位）负责，增城区采取街道自建环卫车队模式，南沙区则采取社会化统一发包的模式。各区城管部门既要对各服务主体提供财政和业务支持，又要负责监管服务实施。作业模式上，“直收直运”“收集点—压缩站—垃圾终端处理厂”等多种模式并存。

终端环节。垃圾终端处置主要交由一家广州市国有企业运营，其承担了广州市中心城区100%、全市约90%的生活垃圾处理任务，作为广州市固体废弃物处理投融资主体，负责广州市固体废弃物终端处理设施的投资、建设和运营。目前已建成处理能力约1.4万吨/日的垃圾资源热力电厂及最高1万吨/日垃圾填埋场等垃圾终端处理设施。得益于市委市政府的前瞻部署与高位规划，新一轮垃圾终端处理循环产业园区建设已启动，攻城拔寨、稳步推进，垃圾围城压力逐步缓解。终端餐厨垃圾处理厂可于2020年末陆续投运，解决餐厨垃圾终端处理能力不足的问题；新增约1.6万吨/日垃圾资源热力电厂将于近三年全面投运，进而广州市可形成3万吨垃圾终端焚烧能力，中心城区彻底实现零填埋，满足未来十年城市发展的垃圾终端处理需求，构建"焚烧为主、生化为辅、填埋为保障"的垃圾分类处理新格局。

二、广州对美丽大湾区建设发挥核心作用依然存在短板

（一）城市绿色竞争力水平有待提高

《2019中国城市绿色竞争力指数报告》从经济基础与科技进步、自然资产与环境压力、资源与环境效率、政策响应与社会福利等4个维度来综合度量城市绿色竞争力。得益于经济发展带来产业结构升级，要素合力有效配置，广州市除自然资产与环境压力存在明显不足外，经济基础与科技进步得分高居第2名，其他两项指标也位于中上游。从能源产出率、水资源产出率等几个主要指标来看（见表1），广州市绿色发展水平与北京、上海、深圳等城市均处于全国前列，但部分指标仍与上述城市存在一定的差距。

表1：国内主要城市绿色发展情况对比表[①]

城市	能源产出率（万元/吨标准煤）	水资源产出率（元/吨）	工业废弃物综合利用率（%）	PM2.5（微克/立方米）
北京	3.93	709.24	86	58

① 数据根据各城市2018年统计年鉴整理而得。

（续上表）

城市	能源产出率（万元/吨标准煤）	水资源产出率（元/吨）	工业废弃物综合利用率（%）	PM2.5（微克/立方米）
上海	2.58	987.84	94	39
深圳	5.26	1115.02	80	28
广州	3.61	866.71	95	35

（二）生态资源承载力有待加强

随着城乡人口增长和生活水平提高，广州市资源消耗持续加大，土地供需矛盾趋于尖锐，林园地、耕地和湿地等面临被占用威胁，生态空间碎片化风险加大。例如，从化、增城开发建设向山区延伸，对城市生态涵养区造成影响；珠江口河海交汇区湿地生态系统保护压力巨大。森林质量还有待提升，林分小树多，大径级树木偏少，林分种类尚处于从单一向丰富转变的过渡阶段，林业和园林绿化用地困难等问题制约林业园林加快发展。此外，环境治理工作难度较大，2017、2018年，PM2.5仅压线达标，尚未稳定达标，空气达标天数不稳定，臭氧呈上升趋势；黑臭水体治理、水质断面考核、"散乱污"整治等还存在反复的可能。

（三）绿色经济发展质量有待提升

节能环保产业产值约899亿元，占GDP比重较低，部分关键领域核心技术待进一步突破，如高端环保检测设备等仍以进口为主；缺少集研发、设计、工程总承包、设备制造、运营服务于一体的大型龙头企业；绿色发展项目投资大、回收期长，多数企业还存在"不想投、不敢投、不会投、不能投"的现象。大部分工业园区未建立能源、资源的循环梯级利用，园区交通、能源供应等基础设施的共建共享、绿色改造的程度不高，园区循环化改造潜力较大；服务业绿色发展推动较缓，缺乏有力的工作抓手。特别是大量专业市场仍以传统物流为主，智能物流发展水平还相对较低，众多的商场超市、宾馆饭店、餐饮旅游等服务场所的节能绿色水平不高，仓储、物流、数据中心等耗能领域的节能工作有待加强。

（四）低碳生活体系尚未全面形成

低碳交通方面，电动汽车产品性能不够成熟、充电设施建设难度大等问题制约电动汽车的推广，互联网租赁自行车管理混乱、慢行道路建设不完备等问题制约了自行车等慢行低碳交通出行方式发展。绿色建筑方面，对比北京、上海、江苏等国内绿色建筑先进省市，广州市高星级绿色建筑比例相对偏低。资源回收利用体系不够完善，生活垃圾、餐厨废弃物分类投放、分类收集、分类运输、分类处理的回收利用体系尚不健全，市场化回收处理市场仍比较小，垃圾分类处理设施建设还存在一定的缺口。环境基础设施建设相对滞后，已建成城镇集中污水处理系统集中在中心城区，其他区域污水管网覆盖率及污水收集率不足。倡导全社会形成绿色消费格局仍有待加强。

（五）城市间绿色低碳协同发展有待加强

粤港澳大湾区粤、港、澳三地缺乏统一的政策标准体系，比如绿色建筑、低碳交通、节能低碳产品等方面没有统一的建造、运行标准，鼓励绿色低碳发展的金融、财政政策方面也不具备普适性，在推进城市间绿色低碳协同发展方面有待强化。绿色低碳发展规划有待进一步布局，绿色产业体系协同性仍不足。

（六）实现水环境“长治久清”仍亟须解决的问题

2018年来，广州黑臭水体治理全面提速。市委、市政府先后下达实施了四号总河长令，“对症下药”地采取上述治理措施，基本补齐了排水设施建设和多数管理上的短板。但随着排水一体化管理的深入推进，广州在排水户源头管控方面的短板将会越发凸显，成为制约广州市水环境实现“长治久清”的瓶颈，主要表现在以下三个方面：

1. 排水户监管相关法律法规尚不健全

广州市排水管理主要依据2010年施行的《广州市排水管理办法》（简称“《办法》”）。《办法》实施之后，中央和地方相继出台《城镇排水与污水处理条例》《城镇污水排入排水管网许可管理办法》《广州市水务管理条例》等一系列行政法规、地方性法规和规章。对照这些法规、规章和广州排水户管理的实际需要，《办法》在宏观指引和微观执行方面都存在不足。一是《办法》法律层级较低，属于政府规章，效力较为有限，对一些行为虽做出了规定，但在具体实施时却难以完全落实。例如，《办法》规定排水需遵循雨污分流原则，但实际上排水户在建设、验收环节并未有效落实相关工作，未能真正从源头起到管控作用。二是纳入排水许可范围的排水户界定不够清晰细致，对从事化学、生物、食品加工、肉菜市场、畜禽养殖、屠宰等活动的排水户未明确规定其向排水行政主管部门申领排水许可证，排水监管存在漏洞。三是排水户排放要求和标准不够科学，存在非居民排水户排放低浓度政策性外水进入公共管网，例如工地基坑、泳池和部分企事业单位经自建设施处理后的低浓度水，严重挤占排水管网运行空间，影响污水厂处理效能发挥。四是排水户违法排放的法律责任规定过轻、惩处不严，对违法偷排的威慑力严重不足。

2. 排水户监管覆盖率不高、手段偏落后

目前广州市的排水户监管主要是依托于排水许可证，核发对象为非居民用水户，后续监管工作则由各区水务部门具体负责。据统计，广州市非居民用水户大约在十万户以上，由于历史等原因，其中办理排水许可证的不足一万户，排水户办证比例小于10%。大量小型重污染的餐饮行业、汽车维护、建筑工地、工业企业、畜牧养殖以及农贸市场等多数未办理排水许可证。受制于排水户基数大、管理人员不足、监管手段偏落后等原因，各区在排水户监管方面，侧重于监管已办理排水许可证的排水户，对未办证的排水户则缺少有效的管理手段，导致其偷排漏排、错接混接等违法排水行为长期存在。由于排水户监管不到位，多数典型排水户对各类预处理设施（如隔油池、沉砂池、格栅等）的正常运行维护不重视，进而对市政排水系统的正常运行造成影响。例如，2018年4月，某餐饮店在未办理排水许可证的情况下，擅自将污水排入城市下水管网，同时未定期清理自身隔油池，大量油渣排入市政管网，直接导致污水溢流路面。

3. 违法排水行为查处难度大

广州市排水户数量众多，范围分布广泛，行业类型多，污染物种类构成复杂，排水户违法排污位置隐蔽且排污时间不固定，确定违法排水户具体位置较为困难。例如，2018年3月，某润滑油公司先后在科学城南翔支路市政路、车陂路中海康城路段市政路排水检查井内，倾倒偷排含苯、甲苯、二甲苯的废水（属危险废物）共计98.68吨，造成猎德污水处理厂出现进水水质严重超标。市政府相关部门先后动用公安、环保、水务、城管、街道等大量人力物力，历时数天才最后锁定偷排排水户。对一些违法排水户的后续处罚更存在取证困难、惩处偏轻的问题。

（七）垃圾分类协同治理有待提升

在分级管理的体制下，广州市生活垃圾处理形成了“各区分散收运，全市集中处理”的模式。前端清扫保洁与终端处理较为明确清晰，取得很好效果；当然前段社区居民垃圾分类工作存在诸多问题，其长期性复杂性仍须政府宣传、社区助力、居民综合素质提升等长期努力。目前市民投诉集中于垃圾混装混运、垃圾压缩站整体规划不足或设施标准偏低、垃圾运输过程中的跑冒滴漏及臭气治理等，问题聚焦于中端垃圾收运环节，体现在收运环节横向责任主体碎片化，纵向业务流程碎片化。首先，“属地管理”原则下，区域各自为政，独立监管与运营，未能进行统一规划和资源调配，呈现横向碎片化，难以建立统一的协调机制，阻碍环卫服务专业化、规模化发展。其次，现有“分散收运—集中处理”模式是纵向业务流程碎片化体制：不同区域、不同环节由不同类型的服务主体负责，业务流程分散割裂。现有体制下，各级城管部门仅对所属路段或者环节具有管理权限和服务义务，作业流程无法优化协同，责任主体不清晰。

三、坚持绿色发展，为建设美丽大湾区提供“广州样板”

广州市应以习近平总书记关于生态文明建设的重要指示为指引，全面贯彻党的十九大和十九届二中、三中、四中全会精神，从系统论出发优化经济治理方式，聚焦高质量发展，实现经济实现量的合理增长和质的稳步提升，助推广州实现老城市新活力“四个出新出彩”。通过资源节约、环境友好的方式创造物质和生态财富、增进社会福利，促进各类要素在粤港澳大湾区城市群合理流动和高效集聚，显著增强广州中心城市经济和人口承载能力，打造绿色发展的广州样板，不断提升极限高度，为未来发展赢得更大空间、积蓄更大力量，引领粤港澳大湾区建设宜居宜业宜游的优质生活圈。

（一）强化规划引领

综合评估推进广州市产业、生态环境保护、能源等十三五规划落实绿色发展情况，参考广东省做法，启动编制生态文明发展十四五规划，统筹生态、生产、生活三大空间，在强化生态环境保护，提升生态环境质量的同时，积极推进产业高质量发展，在都市农业、绿色工业与服务业以及绿色交通、绿色建筑等绿色消费领域全面增强引领和示范功能。

（二）建立绿色发展评价体系

梳理高质量发展和绿色发展指标体系，结合粤、港、澳实际，围绕经济综合质效、生态保护、环境质量、低碳生活、区域协同等维度，探索建立符合粤港澳大湾区实际的绿色发展评价体系，提高评价的科学性、有效性，提高绿色发展决策能力和管理水平。

（三）加大生态资源保护力度

保护北、中、南特色生态系统格局。加强保护北部生态屏障、中部环境维护区、南部生态调节区的特色自然生态格局。整体保护市域山、水、林、田、湖、海生态资源与空间，实施严格的底线管控与监督。构建生态廊道，完善生态保护网络。提出生态廊道规划建设指引，推进生态廊道与城市开发建设同部署、同规划、同设计、同实施。强化湿地保护和恢复，加强湿地公园建设。开展生态补偿办法研究制定工作，坚持“谁受益谁补偿”的原则，落实对生态保护红线、流域水环境、生态公益林和基本农田的生态保护补偿。

（四）打赢污染防治攻坚战

在推动治气、治水、治土取得阶段性成效基础上，坚持方向不变、力度不减，突出精准治污、科学治污、依法治污，推动生态环境质量持续好转。打赢蓝天保卫战，推动高污染燃料锅炉淘汰或清洁能源改造，开展柴油货车超标排放专项治理，强化扬尘污染控制，加强挥发性有机物污染控制。打赢治水攻坚战，开展“散乱污”场所清理整治工作，强化水污染源头控制。开展城中村污水收集工作，提高生活污水收集处理效能，实现污水全收集处理。打赢净土持久战，开展在产企业用地土壤环境质量调查和关闭搬迁企业地块环境排查。打造领先的智慧环保系统，运用信息化的平台、大数据的手段、智能化的设备，对所有工业企业、餐饮企业等进行污染排放实时动态监测，不断提升工作的精细化、科学化水平。

（五）推动经济高质量发展

大力发展绿色农业，推进实施乡村振兴战略，依托从化、增城、花都北部山区较好的生态和农业基础，发挥广州都市经济、乡村禀赋优势，建设都市农业、都市乡村现代化的先行区。着力发展绿色制造业，以打造绿色产品、绿色工厂、绿色园区、绿色供应链为重点，构建绿色制造体系；持续深入推进企业清洁生产，推动重点行业企业清洁化改造；大力发展节能环保产业，促进互联网、大数据、区块链与制造业融合，促进产业园区提质增效，推动产业转型升级。推动服务业绿色发展，开展绿色商场、绿色酒店、绿色餐饮、绿色仓储物流创建，构建现代商贸流通体系；发展绿色金融，推动产业转型升级和绿色发展，探索形成特色鲜明的绿色金融发展模式和成功经验。

（六）积极建设绿色生活体系

构建低碳交通体系。大力推广新能源汽车，加大电动汽车充电基础设施规划、建设力度，提高充电基础设施管理水平和运营效率。优化城市交通管理，强化交通枢纽和实施公交优先，优化公交线路、完善慢行系统，实现地铁、公交与步行、非机动车等系统的无缝接驳。着力提升建筑绿色水平。继续推进既有建筑节能改造，提升区域用能效率。规模化推广绿色建筑，结合广州地区气候特点，建立符合岭南地域特色的绿色建筑政策、规划、标准技术体系，提升绿色建筑品质。大力促进废弃物综合利用。深入推进垃圾分类，巩固提升现有再生资源回收网络，扩大再生资源回收服务范围，进一步推动“互联网+再生资源回收”新模式的发展，选址建设一批技术领先、设备先进、符合环保要求的废纸、废塑料、废旧纺织物等资源化处理中心。加快建设生活垃圾处理设施，实现全市生活垃圾以焚烧为主、填埋为辅，全市生活垃圾无害化处理率达100%。

（七）多举并措推进“长治久清”

水环境的“长治久清”是一个渐进、持续且需不断坚持的过程，也是城市治理体系和治理能力的综合体现，全方位强化排水户源头管控则是下阶段治理的关键环节。加强对排水户的管控，建议首先在制度上补齐短板，并在此基础上探索社会、市场、企业合作参与的监管模式，增强信息化监管手段，共同构建全覆盖、高效率、精细化、差异化的新型排水户监管体系。

一是加快完善排水户管理制度。加快推进《广州市排水管理条例》立法工作，进一步理顺排水管理体制，完善排水管网、污水处理设施建设和升级改造的相关规定，加强排水户源头管理，合理清晰界定排水户管理范围，合理确定排水户排放要求和标准，科学制定典型排水户排水行为规范，并用最严格制度最严密法治严厉惩处各类排水户非法偷排、超标排污行为。

二是稳步推进排水监管进小区、城中村。按照市总河长四号令，广州正全力实施排水单元达标建设、城中村截污纳管改造等雨污分流工作，明确提出各排水单元要明确红线内排水设施的权属人、管理人、养护人、监管人，并确保“四人”责任落实到位。由排水公司担任“监管人”角色，稳步推进排水监管进小区、城中村等红线范围内，将极大地填补当前各区排水管理人员不足、监管力量薄弱的短板，大幅度提高排水户监管覆盖率，减少“小散乱”企业非法偷排、超标排污，提升排水户监管水平。

三是探索市场化排水接驳准入机制和差别化企业污水处理收费标准。一方面，参照供水单位与用水户签订供水协议的形式，在排水户实际发生排水行为前，由排水设施管理单位与排水户签订排水接驳准入协议，规定排水户排放的相关要求、标准及违约时的处罚措施，借助市场力量，以民事行为约束排水户的排放行为。对采用协议方式无法阻止的违法排水行为，则提交水务执法部门处理。另一方面，根据排水户的排污类别，在制定排水户分类管理工作指引的同时，由排水设施管理单位根据污水处理设施承受能力，评估企业拟排放污水水质水量，并根据《国家发展改革委关于创新和完善促进绿色发展价格机制的意见》（发改价格规〔2018〕943

号）“鼓励地方根据企业排放污水中主要污染物种类、浓度、生态环境信用评级等，分类分档制定差别化收费标准，促进企业污水预处理和污染物减排”的意见，探索按水质水量分类分档建立差别化污水处理收费标准，由排水户在预处理设施投资和差别化缴费之间自主选择，营造良好营商环境，也倒逼企业规范排水行为。

（八）推进垃圾分类一体化建设

一是压缩站建设运营中的政府、企业职责。各区政府负责压缩站初期的选址、用地规划。从宏观上来说，市一级政府在城市建设的过程中，应该重视压缩站的建设，将压缩站的建设用地规划纳入市政基础设施建设规划中；从微观上来看，各区、各街道应该配合市一级政府的规划建设，积极与压缩站建设地周边的居民沟通，保证压缩站建设如期进行；区一级政府部门应对服务区域进行详细的实地考察调研，通过对服务范围垃圾的产生量、转运距离进行测算，选择最佳的垃圾转运站建设地点，使转运更经济、更高效。

二是转运中的政府、企业职责。政府主要负责协助合作企业解决转轨时各区车辆、人员的安置问题。将区车队原有的业务转到终端主体的过程中，最重要的是要保证车队、环卫工人队伍的稳定。市一级政府部门应制定具体的政策、标准，协调解决各区环卫车队人员的安置问题。各区政府部门应该动员宣传各区现有的环卫车队、工人积极配合转轨，积极与合作企业沟通，尽可能解决环卫工人再就业的问题，妥善安置人员，平稳过渡到一体化运营。一体化改革后，合作企业负责车辆的采购、分配，运输路线规划，人力资源管理等。首先是车辆的采购、配备，合作企业在接受区车队部分车辆的同时，还应该综合测算需要运输的垃圾量，结合规划的运输线路采购不同车型、适合运输不同类垃圾的车辆；采购应注重社会效益，采购车况好、密封性好的车辆，避免运输出现跑冒滴漏等情况。

三是推进智能平台建设。广州市可以有规划、有步骤地推动全市智慧环卫大数据运营服务平台的建设，在整合当前环卫工人信息系统、环卫车辆GPS（全球定位系统）和视频一体化监控平台的基础上，进一步打造“智慧环卫”“互联网+环卫”，将城区环卫设施、环卫机械作业路线、环卫人员管理、环卫反馈、督办集合于一张“电子地图”，实现日常办公“网络化”，机械作业“信息化”，应急处置“快捷化”。政府监管部门、环卫作业企业以及公众可及时了解相关环卫业务和数据动态，跟踪垃圾完整收运流程，推动产业升级和结构调整，推进智慧城市的建设。

（王纯益）

加大广州医疗建设力度发挥医疗中心功能

一、广州医疗卫生服务现状

党的十八大以来，广州市按照“补短板、强基层、建高地”的工作总思路，大力推进改革创新。医疗卫生服务质量和能力稳步提升，医疗卫生总量位居全国前列。全力推进医疗卫生高地建设，努力构建三级医疗服务体系，人民群众就医获得感、满意度进一步提升。8家医院分别入选建设国家医学中心和国家区域医疗中心；10家医院位列全国百强综合医院。

广州基本实现城市15分钟和农村30分钟卫生服务圈。2018年，广州基层医疗卫生机构总诊疗量5105.22万人次，广州市基本公共卫生服务项目14大项55项服务内容取得明显成效。

（一）医疗卫生资源配置进一步优化

医联体、医共体、分级诊疗等新措施缓解“看病难、看病贵”问题，医养融合蓬勃发展，家庭医生签约服务新政策成果显著，大力推进健康村镇建设。疾病防控和应急体系不断完善，广州市疾病预防控制工作扎实有效，公共卫生应急服务能力显著提高。公共医疗卫生服务保障体系全域增强，爱国卫生运动深入开展。建立高效、规范、过硬的应急处置机制，医疗卫生服务保障设备不断改进，重大疾病、重大疫情有效严防严控，社会重大活动得到切实保障。妇幼健康服务能力持续提升。近年来，广州全面落实免费婚前医学检查、孕前优生健康检查和新生儿疾病筛查工作，组织开展农村妇女“两癌”检查。启动和实施新的免费产前筛查和诊断项目，保障母婴安全，加强妇幼健康和优生优育宣教，大力推进“一站式”婚育服务中心建设。

（二）高层次人才全面开花，推动高质量发展

广州启动“121人才梯队工程”以来，大力推进学科和人才队伍建设，重点培养和发展全科医生队伍，引进和培育高层次人才，强化卫生健康科教和人才工作，取得丰硕科研成果。广州是岭南中医药发源地和聚集地，中医药“治未病”成果显著。实施“中医药强市”战略以来，中医药事业发展迅猛，被评为“全国市级基层中医药工作先进单位”，在全国处于领先地位，并加快推动中医药标注化、现代化、国际化发展。大力推进“互联网+智慧医疗”建设，已经成为广州市新名片。依托“广州健康通”及智慧信息化平台，让百姓少跑腿、数据多跑腿；推进智慧医疗建设创造多个第一，对标先进城市积极比追赶超。

（三）生物医药与健康产业企业强、增势好

2018年，全市规模以上生物医药与健康产业实现增加值587.81亿元（快报数，下同[①]），同比增长7.9%，近三年年均增长9.5%，高于同期GDP增速（7.1%）。目前，广州在生物医药制造业、健康服务业、医疗批发零售业、科技创新平台等方面已积累一定的发展优势。生物医药制造业：2018年，广州规模以上生物医药制造业企业共123家，比上年增加41家；实现产值337.91亿元，同比增长9.1%；实现营业收入404.79亿元，增速8.4%（见表1）。从企业数量来看，广州市生物医药制造业规模以上企业主要分布在现代中药（44家）、医疗器械（38家）、化学制药（32家），生物制药企业大多仍处于培育期和成长期，规模以上企业较少为9家。

① 网址：https://www.sohu.com/a/362322705_161795.

表1　2018 年广州规模以上生物医药制造业各领域产值

行业领域	2018 年产值（亿元）	同比增长（%）
生物医药制造业合计	337.91	9.1
医疗器械	40.02	14.0
化学制药	136.11	19.2
生物制药	36.43	9.8
现代中药	125.35	—1.8

医学服务业：2018年，广州生物医药与健康服务业规模以上企业共1048家，实现营业收入361.07亿元，同比增长15.5%。其中从事医学研究和试验发展业规模以上企业共37家，实现营业收入33.44亿元，同比增长15.5%。全国第三方医学检验服务（ICL）四大龙头企业中的金域医学、达安基因均来自广州，其市场份额分别为36%和6%。

医药流通领域：2018年，广州限额以上医药及医疗器械批发零售企业实现商品销售总额1974.39亿元，占全市限额以上商品销售总额的6.3%。其中广药集团整体销售收入突破千亿元；广州医药有限公司、广州采芝林药业在最新的《药品批发企业主营业务收入百强榜》中分别居第5和第39位；大参林医药集团、广东康爱多连锁药店、广州七乐康药业连锁、广东金康药房连锁、广州民信药业连锁在2017—2018年度中国连锁药店综合实力百强中分别排名第3、第54、第70、第77和第97名。

（四）创新要素加快集聚

广州按照国家生物产业基地发展规划，已形成以广州科学城、国际生物岛和中新知识城东部核心区为引领，国际健康产业城、国际医药港等特色园区协调发展的“一核多点”产业布局。东部核心区聚集行业龙头企业，形成药物研发、干细胞与再生医学、精准医疗、医疗器械、大健康管理咨询等五大领域集群。

（五）医疗卫生资源丰富优质

广州作为华南地区医疗中心，医疗资源丰富，医疗水平位居全国前列。2018年底，广州地区有各类卫生机构4598家，其中医院类机构[①]273家、三级甲等医院类机构38家。2018年全年医疗机构诊疗数1.52亿人次，提供住院服务320.59万人次；年底实有病床数9.51万张，比上年增长5.4%；医疗机构病床使用率85.70%，医疗服务质量效率较高，区域辐射带动能力强，疑难重症诊疗能力领先。

二、目前存在的主要问题

当前，广州市生物医药与健康产业仍处于发展初期，仍面临一些发展的困难与短板。

（一）创新资源未能有效整合利用

广州虽然拥有众多生物医药与健康产业相关的企业、医学类高校、科研机构、三甲医院，但这些机构之间的实质性合作不多，部分散布在各个大学、科研院所和企业中的技术平台缺乏有效的集中管理和开放运营机制，对科技成果转化的支撑作用较弱。另外，广州市的三甲医院数量在全国排名第三，并分为国家、部队、武警、省属、市属各级，丰富的医疗资源在服务临床研发和产业发展方面未充分发挥作用。与上海、北京等城市相比，广州市全国性行业权威技术服务平台建设相对不足，导致一些关键的实验分析要送样到外地完成。

（二）生物医药与健康产业内部结构不够合理

基因工程、细胞工程等工程生物技术与传统产业的现代化和转型的关系紧密，是当前产业发展的重要方向。从复星、恒瑞等医药龙头上市企业发展来看，生物技术已经是一大热点。而目前广州医药健康产业在新兴前沿技术和产业发展仍然较慢，生物制药业产值仅36亿元，占生物医药制造业产值的比重仅为10.8%，生物制药的规模较小，比例偏低，还应该进一步提升。

① 医院类机构包括医院、妇幼保健院和专科疾病防治院。

（三）创新投入不足影响产业发展后劲

医药产业的核心竞争力在于技术。2018年广州全社会R&D（研发投入）占GDP比重为2.63%，与深圳全社会R&D占GDP比重4.8%的水平相比差距较大。具体到医药制造行业，2015—2017年规模以上医药制造业R&D经费内部支出分别为 10.65亿元、9.53亿元、7.83亿元，研发投入不增反降。广州生物医药产业整体仍以化学原料制剂、中成药饮片、仿制药为主，有自主知识产权的I类创新药物不多。在新产品开发及新药创制方面与先进地区相比还有较大差距，技术储备和原创成果少，产业创新能力和发展后劲不足。

（四）生物医药与健康企业的竞争力亟待提高

一方面，广州市在生物医药细分领域虽有一批领先企业，但综合性龙头企业仍较缺乏，仅有广药集团上榜中国医药工业百强。另一方面，企业的技术水平有差距，化学药领域企业整体效益存在“大销售额，低利润率”情况，拥有关键核心技术的创新品种不多；现代中药类企业转型升级还有待加快、研发投入还有待加大；医疗器械领域缺少像深圳迈瑞、上海联影等高端制造企业和拳头产品。

三、发展壮大广州生物医药与健康产业的建议

目前，健康产业已成为拉动发达国家经济增长的强大引擎。从国内外先进地区发展生物健康产业的经验来看，生物医药与健康产业是政策、技术、人才和资金高密度集聚打造的产物。由此，提出发展壮大广州生物医药与健康产业的六点建议：

（一）要制定长期持续的政策来引导与扶持生物医药与健康产业

从经验来看，美国、丹麦、泰国的健康产业都有50多年的发展历程，中山市20多年来重点打造健康支柱产业，苏州市“十年磨一剑”打造全国生物医药产业高地，健康产业必须有长达十几年的持续投入与发展才能站稳根基。广州发展健康产业的顶层设计需要保持一定的战略定力，确保较长的产业发展周期内都有完善的政策引导与扶持。

（二）要有敏锐的前瞻性规划布局来发展生物医药与健康产业

纵观行业发展领先的国家或城市，往往其政府对该行业保持敏锐的嗅觉，对产业未来发展方向把握准确，多年前就已提前布局，抢占先机。因此产业政策制定要适度超前，更早谋篇布局才能更好捕捉发展机会。如丹麦是全球最早支持胚胎干细胞研究、基因工程技术的国家，也是欧洲最早投资生物信息技术、纳米技术的国家之一，其健康产业发展因提早布局受益匪浅。广州在做发展规划时，要对当前全球生物技术研发最新领域有深刻理解，尤其要注重政策的前瞻性，把握健康产业未来5年、10年甚至20年的发展趋势、热门领域，以政策导向引领行动。

（三）要有充足的资金支持来培育发展生物医药与健康产业

生物科技是典型的“高投入、高风险、高产出、长周期”行业，不仅需要公司潜心研究，也需要资本市场的支持和政府的政策扶持。丹麦政府鼓励国内外资金对生物医药高科技产业投资，为创业者提供赠款资助，为外商投资的高风险研发项目提供贷款和担保，并利用税收优惠制度进行扶持，这些优势使得丹麦生物医药产业在基础研究、技术开发、产业发展和商业运行方面等方面发展迅速，也吸引了很多国内外企业加大在生物技术领域的投资。2016年苏州生物园信达生物D轮总融资规模达2.6亿美元，基石药业A轮融资达1.5亿美金，2018年5月完成B轮融资高达2.6亿美元，资金保障让研发无后顾之忧。广州要利用100亿元的广州生物医药产业投资基金，发挥政策导向和杠杆放大作用，引导社会资本聚焦投资生物医药产业领域，加速企业培育发展。对进入临床研究的新药项目给予经费扶持，对本地生物医药产业项目实行工业用地先租赁后出让、弹性年期出让等扶持制度，为健康产业发展提供优质发展环境。

（四）要有雄厚的技术基础和完整的产业链来打造生物医药与健康产业核心竞争力

健康产业的核心是生物科学技术发展，其技术集群所要求的创新能力有赖于生命科学领域的整体水平，需要技术链上完整、综合的研究能力，以及该领域研究机构之间互相合作和支持，仅仅单一环节的突破不足以支撑整个产业。广州要紧盯生物技术与新医药、医疗器械、功能性保健品等高端制造业，构建医药研发、生物医药、健康医疗、医药试剂产业集群，扶持推动单克隆抗体药物、细胞治疗、体外诊断、高端医疗器材等产业的一批“独角兽”企业集聚发展。加大创新力度，增加研发投入，利用广州名牌医院、医学类高校、科研院所集中的优势，加快产学研融合发展，鼓励企业与生命科学、生物医药、高端医疗产品等领域的科研院所全面合作，鼓励研究机构与企业资源共享、联合开发。另外，生物医药产业的原始创新能力还依赖于大科学装置的支撑能力。当前广州尚无大科学装置等国家级重大科技基础设施，与北京（2个）、上海（3个）等城市的差距较大，甚至不及昆明、深圳。目前广州的人类细胞谱系大科学设施已完成预研项目专家咨询论证，还需抓紧细化建设方案，确定建设投资规模和资金来源，并落实在广州国际生物岛、中新知识城的建设用地，争取尽快启动建设、抢占先机。

（五）要有专业化服务机构为生物医药与健康产业发展壮大提供有力保障

健康产业集群发展需要多种资源高度汇聚和相互支持形成，除了其核心产业之外，相关辅助产业及专业化服务机构的支持也必不可少。美国纳什维尔地区健康产业900多家企业中，有超过四成的健康产业专业服务机构，为健康企业提供强大的IT、法律、金融、知识产权、咨询等服务，上下游专业化公共服务平台和咨询机构是生物医药集群必需的重要资源和重要元素。广州要大力发展现代服务业，培育引进高端专业服务业优势企业，推动生产性服务业向专业化和价值链高端延伸，为健康产业发展提供专业服务支持。高规格举办中国生物产业大会、官洲国际生物论坛等行业顶级学术活动，搭建高端产业发展平台。充分利用医疗资源丰富和价格较低的优势，借鉴泰国发展旅游医疗、养老的经验，引进先进管理理念和服务模式，提供国际接轨的标准化医疗服务业产品，提供岭南特色的轻医疗、休闲康养服务，把广州打造成服务粤港澳、辐射东南亚的国际医疗服务之都。

（六）要有专业化人才集聚来创新升级生物医药与健康产业

HCA公司堪称美国纳什维尔健康医疗产业发展的“黄埔军校”，为当地积累了大量优质的健康产业人力资源。丹麦具有优良的技术人才培养传统，拥有大量的高素质生物技术研究和开发人才，这些都是健康产业发展必备的重要因素。广州要完善、升级绿卡制度，集聚顶尖人才，引进培养创业领军人才，吸引和培养高新技术人才，打造高水平的健康产业研发队伍，增强健康产业技术创新能力。做好健康产业专项引进计划，加强健康服务业专业技术人员招募、培训，为健康产业发展提供第一资源。

（冯俊）

第六章
提升城市社会融合功能

▲ 以乡村振兴为抓手　推动城乡融合发展

▲ 推进依法治市　形成“广州经验”

▲ 改善城市交通安全　建设平安广州

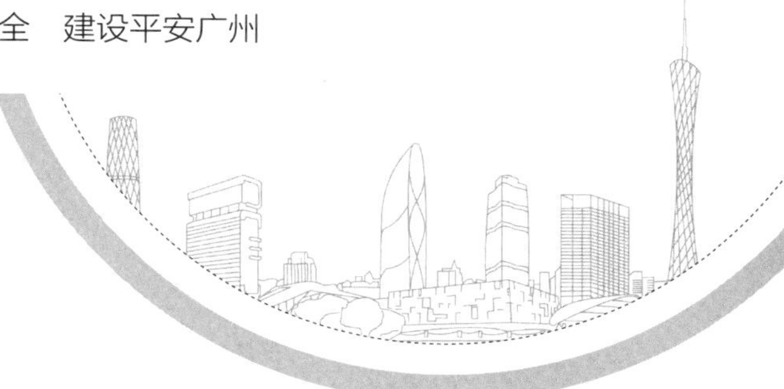

以乡村振兴为抓手　推动城乡融合发展

2018年10月，习近平总书记亲临广东、广州视察，要求广州实现老城市新活力，在综合城市功能、城市文化综合实力、现代服务业、现代化国际化营商环境方面出新出彩，《粤港澳大湾区发展规划纲要》进一步明确了广州的定位，为广州发展指明了前进方向。2019年10月《中共广东省委全面深化改革委员会关于印发广州市推动“四个出新出彩”行动方案的通知》要求广州市要充分发挥好粤港澳大湾区和深圳先行示范区“双区驱动效应”，不断强化广深“双核联动”，深化珠三角城市战略合作，为构建“一核一带一区”区域发展新格局提供有力支撑，进一步明确了工作目标、重点任务和组织保障。目前，广州全市上下牢记习近平总书记的信任、肯定和重托，以高度的政治自觉和使命担当，按照省委工作部署，扎实推进各项工作。在新时代新征程中，广州要坚持新发展理念，充分认识加快实施乡村振兴战略的重要意义，通过科学规划、顶层设计、深化改革、综合施策，促进乡村全面振兴，促进城乡融合，探索总结可复制可推广的成功经验，为超大城市城乡融合发展贡献广州智慧、提供广州方案。

一、深刻认识广州加快实施乡村振兴战略的重要意义

（一）推进乡村振兴是广州学习贯彻习近平新时代中国特色社会主义思想的生动实践

19世纪中期，马克思、恩格斯批判地吸收了空想社会主义关于城乡关系发展的观点，形成了城乡关系从分离到融合的马克思主义城乡关系理论。城乡日趋分离是生产力和生产关系相互作用的结果，这种分离会伴随生产力的进一步发展并逐渐消亡。实现城乡融合的实现路径，要具备两个

条件：一方面推动生产力发展，通过大工业带动城市化和农业现代化，进而促进城乡融合；另一方面，消灭资本主义制度，建立无产阶级专政的社会主义制度，进而把城市与农村、工业与农业、工人与农民结合起来，最大限度地促进生产力发展和城乡融合。新中国成立以来，我国城乡关系经历了从城乡不平等到城乡统筹发展，从城乡发展一体化再到城乡融合发展的演进路径，这是我国生产力和生产关系矛盾运动的内在逻辑所决定的，证明了马克思恩格斯所揭示城乡社会发展规律的科学性。新时代我国社会主要矛盾已经转化为人民日益增长的美好生活需要和不平衡不充分发展之间的矛盾。从城乡关系层面看，解决发展不平衡不充分问题，要求我们更加重视乡村。实施乡村振兴战略，是党的十九大作出的重大决策部署，是决胜全面建成小康社会、全面建设社会主义现代化强国的重大历史任务，是新时代“三农”工作的总抓手。2018年10月总书记视察广东时要求广东要提高发展的平衡性和协调性。要加快推动乡村振兴，建立健全促进城乡融合发展的体制机制和政策体系，带动乡村产业、人才、文化、生态和组织振兴。广州要在全省实现“四个走在全国前列”当好“两个重要窗口”中争当排头兵，这是广州的任务，亦是广州的时代使命。

乡村振兴以及精准扶贫，核心是产业振兴，就是要整合资源做强产业，以“输血+造血”帮扶模式带动当地群众就业增收，推进“携手奔小康”行动向纵深发展。总而言之，乡村振兴和精准扶贫工作任务重，以农业农村为主战场的新一轮投资浪潮逐渐兴起，每年投资规模超万亿以上，必须整合资源做强产业，将服务大局与企业核心主业发展、产业投资与国家扶持政策、社会效益与经济效益进行有机结合，更好地服务乡村振兴战略发展。

（二）粤港澳世界宜居湾区战略内涵解读

2019年2月，中央印发了《粤港澳大湾区发展规划纲要》，专门提到要建设“宜居宜业宜游的优质生活圈”，是新时代“一国两制”伟大构想付诸实践的重大民心工程。粤港澳大湾区预计6705万人口，人口密度1197.32人/平方公里，在经济总量、人口规模以及土地面积等方面能与纽约、旧金山、东京等世界一流湾区相提并论，对于食品安全保供压力较大。同时，打造粤港澳大湾区优质生活圈标志着更高标准的生活质量。湾区内食品安全方面的协防共治，绿色、低碳的生产生活消费方式将成为时尚。粤港澳大湾区市场容量巨大，世界级的湾区也必须匹配建设世界级的农产品以及食品供应链，必须建立强大的食品保供能力以及高标准的食品安全质量体系，促成高品质湾区生活环境和国际化生活社区的早日建成，才能进一步提高大湾区对全球资本、人才、机构的吸引力和集聚力。

（三）“菜篮子”深度衔接乡村振兴与大湾区建设

2019年3月9日，李希书记在十三届全国人大二次会议广东代表团全体会议上发言，要求把乡村振兴与粤港澳大湾区建设紧密结合起来，加快构建“一核一带一区”区域发展格局，打造大湾区宜居宜业宜游的优质生活圈，推动城乡区域协调发展。政府以改善粤港澳民生福祉为出发点，从“菜篮子”等吃穿住用等民生事项入手，通过饮食同源增加国家认同感，加强湾区不同城市文化联系，强化市民天然亲近感，让大湾区成为三地民众宜居、宜业、宜游的共同家园。借鉴京津沪先进经验，广州市印发《粤港澳大湾区“菜篮子”建设实施方案》（穗府办函〔2019〕60号），要求抓紧产业链资源整合，以“一个标准供湾区”为原则，通过统一的产品质量安全标准体系，确保大湾区“菜篮子”成为质量安全的金字招牌，为市民享受高品质食品提供便利，满足人们消费升级需求。总而言之，大湾区建设必然要求乡村振兴，乡村振兴必然推动大湾区建设。大力开展“菜篮子”工程建设，有助于推动乡村振兴与粤港澳大湾区建设高度融合、深度衔接，有助于加速把“绿水青山”转化成“金山银山”。

（四）构建以广州为枢纽的湾区“菜篮子”工程

食品安全供应是最大的民心工程，也是衡量城市竞争力的重要标准。粤港澳大湾区作为城市群，农业资源非常有限。大湾区背靠的广东、江西、湖南等地，拥有丰富的农业资源，可以满足大湾区居民的食品需求。例如，港澳市场95%以上的蔬菜，由内地17个省区供应，其中广东省供应了两地市场七成的食品。广州作为粤港澳大湾区核心城市之一，是国家中心城市、国际商贸中心和综合交通枢纽，拥有发达的商贸网络以及发展农副食品产业的先天优势，在进一步保障大湾区食品安全供应、推进区域内外食品产业合作、带动大湾区周边地区（尤其是乡村和贫困地区）农业食品大发展等方面，将发挥重要作用。深入贯彻习总书记关于乡村振兴、推进东西部扶贫协作的重要指示精神以及《粤港澳大湾区发展规划纲要》关于建设“宜居宜业宜游的优质生活圈”的要求，必须整合产业资源加强食品产业链建设，助力早日践行粤黔东西部扶贫协作要求、推进国家乡村振兴战略落地、支撑粤港澳世界一流湾区以及宜居宜业宜游优质生活圈建设。

（五）推进乡村振兴是广州实现社会主义现代化目标的根本要求

广州是国家中心城市，一方面拥有世界一流的城市中心，同时还有1144个行政村，6000多个自然村，城乡二元结构明显。改革开放四十年来，广州在经济、政治、文化等许多领域取得了辉煌成就，但一些领域仍然存在发展不平衡不充分的问题，尤其在乡村表现最为突出。主要表现在：农村基础民生领域欠账较多，农业发展质量效益不高，农民增收后劲不足，农村自我发展能力弱，城乡差距依然较大，农村基层党建存在薄弱环节等问题。新时代的城市和乡村是相辅相成、互相促进的，必须统筹规划、协同推进、融合发展，不能厚此薄彼、顾此失彼。把广州的乡村建设成为与中心城区共生共荣、各美其美的美好家园，是实现“富强、民主、文明、和谐、美丽”的社会主义现代化目标的根本要求。

二、乡村振兴与大湾区战略对食品产业发展存在问题

（一）农牧产品供应承压，食品保障能力有待提升

因广州土地供应紧张、环保压力增加等因素，广州市内的农牧产品规模不断缩减。具体品类上看，除蔬菜等少数品类之外，农产品供应以外部调入为主，广州市主副食品供应承压。以生猪为例，截至2019年9月末，全国生猪存栏1.92亿头，同比下降41.1%，其中广东省减少70%以上。因供不应求，导致猪肉价格大幅上扬，广州市保供压力较大。目前广州通过鼓励企业到外地设立生产基地、养殖基地，以及认定外地的供穗养殖基地，来确保食品供应，但是一旦突发事件导致原产地产量或质量出现问题，有

可能发生供给保障不力或食品安全等问题。

从先进经验看，京津沪食品集团在境内外农林地块资源分别达220万亩、40万亩、100万亩，保障城市农副食品供给与安全。例如，上海光明集团鲜奶、粮食、蔬菜、生猪等主要农副食品在上海的市场占有率分别为85%、65%、60%及45.6%，水产养殖面积占上海33%。北京首农集团低温奶、猪肉占北京市场比重分别为30%、50%，肉鸡屠宰量全国第一，古船面粉同类市占率第一。天津食品集团占天津肉食市场、粮食市场的规模分别为30%、70%。

据统计，广州市常住人口1490万，年度消费肉类约50万吨、蛋禽约30万吨，果蔬370万吨，口粮消费320万吨，牛奶12万吨，水产42万吨。以满足30%市占率的保障线为最低目标估算，在广州市打造出一家食品龙头企业，营收规模保守预计可达300亿～500亿元。但是，目前10家[①]涉及食品产供销领域的市属国企，2018年食品板块营收不到280亿元，一定程度表明国有企业对于广州市食品安全供应能力有待进一步加强。

（二）食品产业割裂分散，交易平台建设滞后

一是广州地区从上游养殖、屠宰到交易市场，纵向环节割裂，无规模化的市属食品集团。我国生猪屠宰行业集中水平远低于发达国家水平，2017年全国生猪出栏量约6.88亿头，行业龙头双汇、金锣、雨润合计屠宰量仅约2600万头，行业CR3（CR，行业总量，CR3，指行业前三总量，以此类推）仅不足4%，而美国CR5达68%、丹麦CR2为97%、德国CR8为65%。相比全国，广州地区屠宰环节“多、乱、小、散”并存局面更为严重。以生猪产业为例，广州市每天消费生猪2～2.2万头，现有持牌生猪屠宰企业共24家。屠宰不集中一定程度上导致冷链流通率低，2017年，广州肉类冷链流通率仅30%，而欧美平均达到90%以上。二是交易平台建设滞后。大型农产品交易集散中心是大城市农副食品产业链的真正枢纽，对接管控到农产品原产地，并通过农产品零售商和批发配送商，触达消费者实

① 包括岭南、轻工、国发（工业发展）、广州港、广州酒家、越秀（风行）、珠啤、广药（王老吉大健康）、金控集团（有林生态）、城投集团（有林投资）。

际需求。广州的农产品交易中心建设滞后问题尤为突出。以生猪产业为例，嘉禾畜禽交易服务中心关停后，广州的肉品来源分散至清远、佛山等地，可能导致产品安全责任不清，存在质量安全隐患。

（三）市属食品产业小散乱，品牌效应有待加强

2018年，习近平总书记在广州考察时，明确要求广州实现老城市新活力，在综合城市功能、城市文化综合实力、现代服务业、现代化国际化营商环境方面出新出彩。在推动广州实现老城市新活力、“四个出新出彩”及在全省实现“四个走在全国前列”、当好“两个重要窗口”的火热实践中，广州缺少与国际大都市地位相匹配的食品龙头企业。市属国企食品产业呈现“小散乱”、品牌效应不强、农业基础薄弱等问题。一是食品板块资源“小散乱”。据初步摸查，目前市属国企板块涉及食品行业的一级集团就有8家，子公司下属产品和品牌超20个。涉及企业数量过多，无大规模龙头企业，资源重复投放，渠道资源无法共享，未充分实现规模经济优势。二是部分老字号品牌优势未得到充分发挥。广州食品板块发展历史悠久，产业发达，孕育和沉淀了皇上皇、秋之风、陶陶居等诸多知名老字号，但由于多年来未按现代运营思路实现快速拓展，品牌优势未得到充分发挥。三是市属国企农业基础薄弱、资源低效利用。据了解，广州城投有林投资拥有一批农工商公司及农林场地块资源，但未充分挖掘其农业经济利用潜力。而上海光明、北京首农、天津食品拥有的农场林场面积分别超100万亩、50万亩、40万亩，这些农场林场分布在当地以及江苏、黑龙江等条件优质的传统农业区域，为三地市属国有食品集团发展提供了良好的农业基础。

（四）囿于本地市场，对国际国内市场拓展不够

作为特大型城市的食品龙头企业，服务国内乃至国际客户是必然发展方向。市属食品集团在发展布局上囿于本地市场，对国内市场拓展不够，“广府美食”“食在广州”的传统优势底蕴未得到充分挖掘和发扬。京津沪国有食品集团不仅布局全国，更是顺应国内消费升级需求，加大对世界优质农产品原产地产销企业的收购兼并，致力于建成全球食品集成分销平台，通过全球配置优质食材供给国内巨大消费市场。例如，上海光明2010

年开始国际化并购，集团第二总部设在香港，经过整合及海外并购已成为具有完整食品产业链的食品航母企业，目前光明食品接近1600亿元的营收中，国际业务占比近1/3。

三、影响广州市属食品产业壮大的主要因素

（一）全产业链融合是食品产业发展的必然趋势

一、二、三产业融合发展是食品产业特有的优势，通过对产品质量进行全程控制，实现食品安全可追溯，打造“安全、放心、健康”食品产业链。全产业链融合是食品产业发展的必然趋势，在资源、价格、渠道和品牌等方面实现更大的竞争优势，一方面能打造全程可追溯的食品安全链，一方面能实现上下游协同降低成本，提升终端产品的竞争力。京津沪食品集团从产业链的源头出发，通过加工及流通等中下游企业进行协同管理和资源整合，在重点食品产业基本完成全产业链布局。例如，上海国资系统的食品产业链整合已基本完成，光明食品集团成为涵盖乳制品、蔬菜、肉类、米、糖、酒、油等系列食品产业的全产业链食品集团。同时，光明集团对旗下小而散的企业进行重新划分整合，形成乳业、糖业、肉类、粮油、蔬菜等全产业链，避免了“小散乱”格局。

（二）整合资源是打造食品龙头企业的有效途径

京津沪三大直辖市食品产业发展路径虽各有差异，但最终都走上了一条类似的整合之路：以农垦为主体，通过划拨整合并购，整合市属食品上下游产业资源，培育出一家在本地区农副食品产业扮演主导角色的国有食品集团。横向看，通过整合，食品品类不断拓展，基本涵盖肉、奶、蛋、禽、水产、果蔬、粮油等居民生活的主要食品类别，且每个类别的市占率从最低三成到最高七成不等。纵向看，“从农田到餐桌”全产业链整合是京津沪三大食品集团共同的整合方向。以光明集团为例，2010年之后，又先后整合上海蔬菜集团、良友集团、水产集团。2018年，整合后的上海光明营业收入是2006年的4倍，位列2018年中国企业500强第111位。

（三）政府支持引导是食品产业发展的坚强保障

食品产业具有特殊性，既处于完全市场竞争领域，高度市场化，又兼具功能性质，特别是“菜篮子”工程直接关系人民生活质量和社会安定。食品集团有了一定营收规模和市场占有率，才能真正发挥民生功能，保障市场供应稳定、保证食品安全、平抑农副食品价格。在食品企业为主体进行市场化运作的同时，还需要政府部门的政策及资源支持，并在宏观层面进行规划统筹，给予指导。京津沪三家食品集团，首先都明确定位为市场化企业，但各自在交易中心建设等供应链整合重大项目上，都得到了政府部门的大力支持。例如，光明食品集团在上海市政府支持下，接管了西郊国际农产品交易中心，与原食品产业体系高效协同，目前西郊国际交易量占上海批发市场的60%。

（四）并购是快速做大做强食品集团的重要方式

随着行业竞争日益激烈，产业集中程度不断提高，食品产业规模化、集约化深入推进。在经济转型、行业整合加速的大环境中，围绕产业链协同发展，并购是实现规模化和效率快速提升的有效手段。近年来，领先食品集团更是将并购视野拓展到国际市场。例如，上海光明顺应消费升级需求，实施了系列兼并收购，建设全球食品集成分销平台。近年来完成新西兰新莱特乳业、澳大利亚食品分销企业玛纳森食品集团等海外企业的收购，全球布局了以食品为核心的多个产业领域，并致力于全球资源的整合配置，打造光明食品全球制造、全球分销的体系。目前海外营业收入占光明食品集团总营收的1/3。

四、广州加快推进乡村振兴战略的紧迫性

（一）农业农村是广州发展的突出短板

2018年广州城市和农村常住居民人均可支配收入分别为59982元和26020元，收入比达到2.305：1。2018年全国城市居民人均可支配收入排名广州名列第5位（见表1），而农村居民人均可支配收入排名，广州已经落到了20名，在广东省内排在东莞、中山、佛山、珠海之后。可见，对比

先进城市，广州发展的不平衡问题非常突出。加快推进乡村振兴，补齐农村发展短板，增强群众获得感，促进城乡融合发展是广州面临的紧迫任务。上海作为引领级的超大城市，其农村居民的收入仅能排在长三角城市群26个城市第九名的位置，同样也面临城乡发展不平衡的问题。

表1　2018年城市居民人均可支配收入排名

序号	城市	排名
1	上海	64183（中心城区 71260）
2	北京	62361（中心城区 72634）
3	深圳	57543（粤 1）
4	苏州	55476（苏 1）
5	广州	55029（粤 2）
6	杭州	54348（浙 1）
7	南京	52916（苏 2）
8	宁波	52402（浙 2）
9	厦门	50948（闽 1）
10	无锡	50373（苏 3）

（二）广州加快推进乡村振兴战略已到了关键节点

根据目前的研究结论，当城镇化率达到55%以上时（新移民国家70%），因为人口高度集中，基础设施建设、公共服务和社会治理成本急剧上升，就业难、入学难、看病难进一步加剧，“热岛效应”、道路交通拥堵等大城市病逐步显现，将导致城镇化速度明显放缓，出现“拐点”，同时城市周边村庄出现人居环境退化、人口流失等一系列问题，必须针对性地采取措施来克服和解决。2018年末，我国的城镇化率为59.58%，实际上在一些地方已经出现了乡村空心化、土地荒弃的问题。2018年广州市常住人口1490.44万人，城镇化率为86.38%。年末户籍人口927.69万人，城镇化率为79.78%。因人口红利、户籍制度、经济发展状况等原因，大城市的城镇化进程一直在继续，在工业化、城镇化深入推进、人口向城市中心城区持续聚集的大趋势下，为有效治理“大城市病”探索新路径、避免城市周边出现乡村衰退问题，真正实现农业农村的现代化，广州加快推进城乡融合已经到了关键节点。日本、荷兰、德国、韩国、英国、美国等国家都经历了这一阶段，各国及时采取工业反哺农业，通过“造村”运动、土地整理、村庄更新等内容不尽相同的乡村振兴策略，取得了较好成效，达到了城乡融合发展的目标。国内目前在京津冀、长三角、粤港澳大湾区等经济发展水平较高的地区对这方面的研究越来越重视，上海、北京、杭州等一些城市都做了有益探索和实践。

（三）实施乡村振兴战略是广州实现老城市新活力的重要组成部分

2019年10月《中共广东省委全面深化改革委员会关于印发广州市推动“四个出新出彩”行动方案的通知》，印发的四个出新出彩行动方案共包括主要任务约101项（22+27+23+29），范围之广、任务之重、挑战之巨，前所未有。乡村振兴不仅在综合城市功能——全力提升社会融合功能方面可以发挥巨大作用，在城市文化综合实力、现代服务业、现代化国际化营商环境方面，都是不可缺少的重要内容。要从根本上改变乡村长期从属于城市的现状，必须将城市与乡村、城镇居民与农村居民作为一个整体，在推进四个出新出彩行动中统筹推进农村经济建设、政治建设、文化建设、社会建设、生态文明建设和党的建设。农业强不强、农村美不美、农民富不富，决定着广大农民兄弟的获得感和幸福感，更决定着广州全面小康社会的成色和社会主义现代化的质量。在实现老城市新活力的征程中，要把三农工作放在重要位置，以乡村振兴为抓手，优先发展，加快推进乡村治理体系和治理能力现代化，补齐农业、农村发展这块短板，加快推进农业农村现代化。才能更好地发挥好粤港澳大湾区和深圳先行示范区“双区驱动效应”，不断强化广深“双核联动”，深化珠三角城市战略合作，为构建“一核一带一区”区域发展新格局提供有力支撑。

三、广州加快推进乡村振兴战略的对策和建议

（一）不断加强和改善党的领导

稳步推进党建一体化联动机制试点工作，推动村、社区、协会和企事业单位党组织合力推进乡村振兴。进一步完善村干部激励机制和派驻“第一书记”选育管用制度，充分发挥农村党组织领导核心作用，切实加强农村后备干部培养力度。

（二）以“五个振兴”为目标，科学规划、顶层设计，深化改革、统筹兼顾

紧紧围绕发展现代农业，围绕农村一、二、三产业融合发展，构建乡村产业体系，实现产业兴旺；把人力资本开发放在首要位置，强化乡村振兴人才支撑；弘扬主旋律和社会正气，培育文明乡风、良好家风、淳朴民风；打造农民安居乐业的美丽家园，让良好生态成为乡村振兴支撑点；建立健全党委领导、政府负责、社会协同、公众参与、法治保障的现代乡村社会治理体制。坚持科学规划、顶层设计、综合施策。

（三）深化农村供给侧结构性改革，推动农业高质量发展

鼓励国企带头，引导企业向农村延伸产业链，引导科技人才向农村流动，依托广州超大城市市场需求，加快都市农业发展。一是以服务广州“菜篮子”“果盘子”“米袋子”为着力点，解决城市食品需求；二是建设“人无我有，人有我优”的优质特色农产品供应链；三是充分发掘城市需求，发展观光农业、采摘农业、高科技农业工厂等为代表的都市农业新业态;四是大力推进“一村一品、一镇一业”，深入实施“粤菜师傅”工程，高品质打造“南粤小吃”知名品牌，力争推出一批具有特色的“乡字号”“土字号”品牌。

（四）强化乡村振兴制度创新和政策供给

制定实施家庭农场培育计划和农民专业合作社提升行动，建立健全支持新型农业经营主体发展的政策体系和管理制度。积极推广“资源变资产、资金变股金、农民变股东”改革，探索乡村闲置校舍、厂房、废弃地

等资源资产利用机制。加快制定针对乡村旅游区域的人居环境管理办法，着力破解具有景区性质的农村管理标准不高、服务不优的问题。探索出台乡村振兴人才下乡激励机制，吸引更多大学生、企业家、设计师等到乡村创新创业。

（五）整合市属产业构建食品全产业链体系

京津沪属于特大型城市，都建立了从田间到餐桌的食品全产业链市属集团，在粮食、生猪、蔬菜等主要农副产品供给率从30%至85%不等，在保证城市主副食品供应、调控市场、应急救灾、重要商品储备、确保社会稳定方面作出了重要贡献。未来一段时期内，粤港澳大湾区战略将加快推进，整个大湾区7000万高消费人群是市属食品集团发展的关键利好。建议参照京津沪经验，以财务资本资源充裕、有上游养殖育种技术以及下游零售渠道体系，并且有一定农产品业务规模的市属集团为主体，整合构建食品全产业链新体系，并定位该国有龙头食品企业高质量发展目标，首先是民生目标，暨保障广州特大型城市的食品安全，成为政府部门管理“菜篮子”工程真正得力的抓手，也是将来承接政府精准扶贫任务的重要平台；其次是产业目标，争取在“十四五”末期做到500亿元的营收规模，为广州市国有食品产业中的核心力量。

（六）统筹“菜篮子”运营平台保障宜居湾区

交易中心不仅仅是农产品交易和物流配送的物理枢纽，还应该是数据信息、金融、安全监测、标准管理、进出口贸易等多方面的中心枢纽。统筹粤港澳大湾区“菜篮子”，意味着需要增强集检验、检疫、通关、信息化为一体的农产品流通体系方面的政策对接，不仅是改善民生福祉的具体举措，也切实推进了大湾区互联互通。纵观世界经验，开展“菜篮子”运营平台建设、推进都市食品产业发展有助于建设宜居宜业湾区。纽约、东京等世界级湾区均在政府土地规划等方面为城市农业发展和食品供应提供必备保障。因此，建议在市委市政府领导下，适应食品产业链发展规律，加大政策保障力度，着力在广州培育一家国有食品龙头企业，成为大湾区“菜篮子”建设的有力抓手。以国有食品龙头企业为主导，联合必要的社会资源，搭建粤港澳大湾区“菜篮子”运营平台，成立运营平台公司负责具体经营管理。国有食品龙头企业需要有丰富的产业运营管理经验，有上游养殖育种技术，有下游新零售渠道体系，关键自身有一定的农产品业务规模，如此才能胜任该运营平台公司的管理职能。该平台涵盖全球优质农产品交易集散中心、大湾区“菜篮子”标准制定与执行、全产业链质量监控、农产品信息搜集发布、统一交易平台与金融支持服务等功能。

（七）强化创新引领增添企业转型发展动能

京津沪食品集团聚焦创新引领，推动优势产业转型升级，提高核心竞争力。加快建设支撑宜居湾区生活的食品集团，应给足用足国企创新鼓励政策，构建全面创新体系，包括技术创新、资产管理创新、商业模式创新、服务模式创新以及人才管理机制创新等。技术创新方面，整合内外部资源，向有品牌有技术有市场有终端的企业集中，设立科创中心以及国家重点实验室，研发具有强大竞争力的产品；资源管理创新方面，要多措并举将内外部农业资源进行创新式整合盘活；商业以及服务模式创新方面，要紧密贴合“云大物移智”技术潮流，探索线上线下相结合的新零售、新业态。人才管理机制创新方面，要遵循食品行业人才发展规律，积极稳妥开展职业经理人、混合所有制改革等探索工作，不断增强全面创新优势。

（刘艳　迟军）

推进依法治市　形成“广州经验”

法治，已经成为广州市的一大高频词汇。近年来，广州认真贯彻落实全面依法治国新理念新思想新战略，大力推进科学立法、严格执法、公正司法、全民守法的总体进程，以先行者的勇气，因地制宜，开拓创新，取得了一系列法治建设新成就，形成多项“广州经验”，并在全省全国推广，法治广州建设不断迈上新台阶，法治精神已“飞入寻常百姓家”，为经济社会发展和法治建设提供了有力的法律保障。

一、近年来广州法治建设大事记

2017年，广州市被国务院确定为全国首批试点推行行政执法公示制度、执法全过程记录制度、重大执法决定法制审核制度的城市；全国首“晒”行政执法数据，出台全国首部行政执法数据公开规定，全市各级执法部门“统一时间、统一范围、统一模板、统一平台”公示上一年全部行政执法数据；全面推行律师调查令制度，在全国首次采取市司法局、市中级法院、市律师协会三方模式建立全市调查令制度，律师申请调查令成功率达99.8%；广州市荣获“法治政府建设典范城市”称号。

2018年，广州市行政执法监督系统上线运行，实现了对市政府各执法部门作出的行政处罚行为的全过程监督、全过程电子记录和实时统计分析；成立广州互联网法院，实现“跨时空”异地审理，提供“一键调解”“一键调证”“一键审理”“一键守护”“一键送达”诉讼全流程线上服务，当事人可以足不出户完成诉讼；出台《广州市人民代表大会常务委员会关于促进广州仲裁事业发展的决定》，支持广州打造国际仲裁中心；《广州市依法行政条例》项目荣获“中国法治政府奖”；广州市委政法委主办“2018广州法治秀”，评选并发布广州市法治化营商环境建设十大案（事）例。

2019年，出台《广州市人民代表大会常务委员会关于支持和促进检察机关公益诉讼工作的决定》，为推动广州检察公益诉讼更好开展，营造共建共治共享社会治理格局，推进国家中心城市建设全面上新水平提供制度支撑；表决通过《广州市母乳喂养促进条例》，该条例是全国首部促进母乳喂养的地方性法规，规定任何单位、个人不得干涉和歧视母亲进行母乳喂养；政府应设立母婴室和哺乳室建设补助资金；举行第二届广州法治秀，现场发布第三届“广州地区十大杰出中青年法学家”和首届“广州地区十大杰出中青年法务专家”评选结果。

二、法治广州建设的主要经验

（一）营造和谐稳定的社会环境

据统计，2018年，广州市委政法委大力推进社会矛盾纠纷多元化解机制，迅速落地实施“社会矛盾纠纷多元化解机制建设”等调研成果，重大矛盾纠纷化解率达96.4%；创新人民调解工作，建立专职人民调解员队伍，全面铺开信访调解、律师调解、涉外调解和商会协会调解工作，共调解矛盾纠纷6.43万宗，成功率达99.45%，涉及金额约17.66亿元。在大力化解矛盾纠纷的同时，注重从源头防范治理矛盾纠纷，广州市委政法委牵头市住建委、市人社局等部门在建设领域推广用工实名制和工程款工资款分账管理，实名登记工人22.4万人，发放工人工资总额超过20.4亿元。2018年，广州市建设领域重大劳资纠纷同比下降93%。值得一提的是，增城区实行风险分级管控机制，新塘环保工业园76家污染企业停止排污。

（二）互联网法院建设工作卓有成效

广州法院大力推进智慧法院建设，2018年广州市法院受理案件46.4万件、办结40.6万件，法官人均结案357件，同比分别上升8.9%、14.0%和9.8%；办结执行案件12万宗，实际执行到位174.3亿元，同比分别上升6.6%、85.5%。深入推进“送必达、执必果”试点工作，“送必达，执必果”试点经验受到最高法肯定并向全国推广。2018年9月28日，广州互联网法院正式挂牌成立，这是继杭州互联网法院、北京互联网法院成立后的全国第三家互联网法院。

（三）治安环境得到优化

2018年，广州市社会治安呈现“两降两升”的良好态势：案件类警情同比下降14.2%、刑事案件同比下降13.2%，刑事破案数同比上升8.6%、破案率同比上升5.7个百分点。广州市发生命案压减到百宗以内，同比下降36.2%，实现100%破案，平均破案用时12.6小时。破获电信诈骗案件4086宗，同比上升19.4%；破获食药环案件785宗、黄赌案件1531宗。根据中山大学城市社会研究中心最近调查数据，2018年，广州市群众安全感和治安满意度分别高达98.4%和97.8%。

（四）壮大联勤执法队伍

广州市政法机关高度重视政法智能化建设，加快推进现代科技手段与政法工作深度融合。推广运用“四标四实”成果，将数字广州基础应用平台与来穗、市场监管、水务、公安、国土规划、住房建设等26个部门的应用系统进行对接。大力推进“综治中心+网格化+信息化”建设，有效提升基层社会治理、防控风险能力水平。在全广州市推广以街道综治中心为依托，组建一支队伍联勤执法，实现社会治理发现问题和解决问题无缝对接。同时，有效推进“雪亮工程”示范城市建设，全市建成视频点位152万个，联网共享12.2万路，排在省会城市前列，市、区、街（镇）三级综治视频应用平台全部建成。

（五）建成全国首个智慧立法管理系统

在坚持民主立法的同时，广州市全面推进科学立法，充分运用“互联网+”大数据，着力提升立法质量。如今，全国首个智慧立法管理系统已在广州建成，该系统集立法全流程在线操作和监控、法律法规的智能搜索和文本比对、立法资讯的实时推送、广州市地方性法规的智能统计分析、公开征集意见等多种功能为一体。在制定与人民群众利益关系密切的法规时，广州市开启在国际互联网著名门户网站上进行立法民意调查之先河，至今已就十余件法规在大洋网、腾讯网、网易网上开展了立法民意调查。

在法规立项论证制度上，广州市率先制定了地方性法规立项办法，建立了可以立项、优先立项、不予立项和废止法规的具体标准和条件，增强了立法项目的针对性。此外，广州市还在全国率先开设立法官方微博、立法官方微信，提高公众参与地方立法的便利性和实效性。由于建立了一套严格、规范的科学立法制度，确保了每一件法规都能最大限度地落实科学性的要求，实现了立法“立得住、行得通、真管用”。

（六）完善律师制度

一是深化改革整体推进。出台《关于加快发展高端专业服务业的意见》《关于深化律师制度改革的实施意见》《关于深入开展一村（社区）一法律顾问工作的实施意见》，联合市商务局、市外办等单位出台《关于发展涉外法律服务业的实施意见》，制定《广州律师986提升计划》，将律师业纳入全市高端服务业发展规划，对深化律师制度改革作出全面部署，注重增强改革系统性整体性协同性，各方面改革陆续“开花结果”。

二是执业环境更加优化。支持律师依法执业，在全国率先推行律师调查令制度，推动市中院开通“广州审务通”和“律师通”平台，市、区两级检察院全部设立律师接待室，公安看守所在全省率先实施周末和节假日会见制度。承接做好“放管服”改革，审批时限压缩超过50%，全国首创律师电子执业证。建成全国首个律师大厦，打造了全国首个法律服务集聚区。加强律师执业监管，成立全国首个副省级城市律师“投诉受理查处中心”，全市“规范律师事务所”有219家。

三是行业专业化品牌化发展提速。市律师协会设立金融、清算与破产、婚姻家庭等42个法律业务专业委，海事海商、知识产权等法律业务居于全国前列。全国首创“法律服务交易会”，打造供需合作平台，并成功举办两届“中国广州法律服务交易会”。广州律师担任19583家党政机关、人民团体、事业单位和企业法律顾问。首次评选出20名“知识产权大律师”“涉外大律师”。近3年广州市律师办理诉讼案件和非诉讼法律事务共43.4万件，去年全行业总收入57.2亿元，同比增21.7%，收入超亿元的律所10家。

四是服务法治化营商环境建设积极有为。助推经济高质量发展，市律协在全国同行成立第一家营商环境研究机构，组建4个“暖企行动”律师服务团，承办“2017广州法治化营商环境论坛”，推行律师调查令制度相关案例入选“2017年度广州市法治化营商环境建设十大案（事）例”。出台支持民营企业发展的“18条措施”，完成对2730家民营企业的“法治体检”，设立法律顾问室的民营企业专业市场增至6家，海珠区率先在全省成立服务民营企业粤港澳律师团。

五是公共法律服务便捷惠民。广州律师全方位参与社会治理，助力营造共建共治共享社会治理格局。全国率先实现“一村（社区）一法律顾问”线上线下全覆盖，成立全省首家律师个人调解工作室，设立全省首家专门服务村（社区）老年人的助老律师团。全国率先实现刑事案件律师辩护、城管“律师驻队”、律师调解模式全覆盖。设立全国首个律师驻知识产权法院调解工作室。“问律师”“法宝宝”等新媒体应用宣传平台启用，让广大群众足不出户享受指尖上公共法律服务，越来越多群众形成“信法不信访”“法律问题主动找律师”的良好习惯。

六是涉外法律服务发展步伐加快。主动服务更高水平对外开放新形势，广州市8家律所在境外17个城市设立分支机构，同比激增183%；美国、英国、法国等外国律所在广州设立代表处22家。设立全国自贸区外第一家穗港联营律所，成功代理全国首件涉“一带一路”建设案件。与广东外语外贸大学合作设立全国首家涉外律师学院，第一次组织广州市20名涉外律师领军人才赴境外（英国）培训。市律师协会成立全国首个“一带一路”专业委，首个粤港澳大湾区与自贸区专业委。61名律师入选全国千名涉外律师人才库，入选人数全省第一。

七是参政议政水平进一步提高。担任各级人大代表、政协委员的律师有81人（含全国人大代表、政协委员3人），为历史之最，他们认真履职，建言献策，近3年提出410多份较高质量的提案议案，内容涉及营商环境建设、粤港澳大湾区、乡村振兴、公益诉讼等多个领域，充分体现了律师的专业作用和社会责任。从2003年至2019年，广州律师针对超过180多部国家和地方立法草案，向有关部门提出超过3000多条立法建议，内容涵盖包括《民法典（草案）》《物权法》《慈善法》《律师法》《反不正当竞争法》等多部重要法律法规，诸多重要建议被采纳。

八是行业党建工作持续加强。全面加强党对律师行业全面领导，市律师协会党委更名为广州市律师行业党委，制定《律师行业党建工作清单》，全国率先实现全市律师事务所章程修订全覆盖，在全省成立首家律师事务所党委。目前，全市共成立律师事务所党组织262家，律师党员3436人，实现律师行业党的工作全覆盖。中组部先后2次调研广州市律师行业党建工作，并在新华社《国内动态清样》刊文给予高度评价。

九是新闻宣传卓有成效。充分利用传统和新媒体阵地，中央电视台、新华社、《人民日报》《南方日报》、南方网、凤凰网等媒体，纷纷关注报道广州律师工作在村（社区）法律顾问、涉外法律服务等方面成效亮点。《亲历改革开放四十年》《法治路上，我们昂然前行》《司法部副部长熊选国与70名广州刑辩律师面对面“夜话”》《中国人吃不起平价药是谁的错？——从〈我不是药神〉谈起药品专利保护》等多篇文章荣获广州地区连续性内部资料出版物好新闻一等奖，广州律师工作传播力、影响力、公信力持续增强。

十是社会各界广泛认可。广州律师工作先后得到司法部原部长张军、副部长熊选国、刘振宇和广东省副省长李春生等上级领导充分肯定。中标省政府外聘法律顾问的6家律所全部为广州律所。近两年有2家律师事务所党组织、5位律师党员受到全国律师行业党委表彰。涌现了全国“新时代最美法律服务人（律师）”毕亚林、“全国维护职工权益杰出律师”胡芳军、“5A级社会组织”市律师协会等一大批全国全省先进个人、先进单位。村（社区）法律顾问工作在2018年度全省综治考核中广州单项得分全省第一。郑穗军律师连续九次参加“1+1” 中国法律援助志愿者行动，成为公益标杆人物。市律协以“郑穗军”命名一项公益奉献奖，鼓励更多律师参与公益事业。

三、进一步优化广州法治环境的路径

（一）建立健全良性互动机制

要建立起政府权力和社会、个体之间良性的互动，必须借助于法治程序来实现整合，这可以说是法治化进程对城市建设进程的直接促进。具体来说包括以下几个环节：一是在国际商贸中心城市建设的决策环节，就应当以公众提案、听证、公开讨论以及专家论证等不同方式，为公众参与和意见表达提供制度保障，在决策之前充分地实现社会利益的博弈，保证权力运行能够有效回应社会发展需求；二是在规范出台和执行的过程中，必须遵循程序公开、公正等基本原则，树立权力的公信力，唯此，社会才会主动遵从政府所设计的发展方案来安排自己的发展行为；三是必须要强化对权利的救济和权力的监督，包括在行政权力体制内，建立对政府行为提出异议和实行审查的程序，以及强化统一司法权根据国家宪法和法律对地方政府权力行为实行审查、监督，并对个案中可能受到侵害的权利实施救济的功能。

（二）推动民主法治建设

深入推动基层民主法治建设，增强社会自治功能。自治是法治的重要补充。法治社会不排斥社会自治，相反，法治应当保障社会自治功能的实现。人类社会发展规律表明，社会的自治功能越强大，法治面临的压力就越小，社会就越和谐稳定。人民依法直接行使民主权利，管理基层公共事务和公益事业，实行自我管理、自我服务、自我教育、自我监督，是人民当家做主最有效、最广泛的途径，是群众最关心、最生动的权利实践。

（刘泽森　吴玮莹）

改善城市交通安全　建设平安广州

一、广州城市交通安全现状

近年来，广州城市交通安全形势总体向好，但事故起数和死亡人数依然居高不下，位列各行业之首，不容乐观。据统计，2016年发生交通运输安全事故838起、死亡441人，占全市各类安全事故总起数、死亡总人数的比率为90.69%、84.72%；2017年发生交通运输安全事故742起、死亡373人，占全市各类安全事故总起数、死亡总人数的比率为88.12%、82.16%；2018年发生交通运输安全事故600起、死亡313人，占全市各类安全事故总起数、死亡总人数的比率为90.36%、82.59%（见表1）。

表1　2016—2018年交通运输安全事故统计表

年度	2016 年	2017 年	2018 年
交通运输安全事故起数、死亡人数	838 起 441 人	742 起 373 人	600 起 313 人
全市各类安全事故总起数、死亡总人数	924 起 517 人	842 起 454 人	664 起 379 人
占比	90.69% 84.72%	88.12% 82.16%	90.36% 82.59%

其中，2016年发生交通运输较大安全事故1起、死亡4人，占全市较大安全事故总起数、死亡总人数的比率为100%、100%；2017年发生交通运输较大安全事故2起、死亡8人，占全市较大安全事故总起数、死亡总人数的比率为40%、29.63%；2018年发生交通运输较大安全事故1起、死亡3人，占

全市较大安全事故总起数、死亡总人数的比率为50%、50%（见表2）。

表2　2016—2018年交通运输较大安全事故统计表

年度	2016年	2017年	2018年
交通运输安全事故起数、死亡人数	1起 4人	2起 8人	1起 3人
全市较大安全事故总起数、死亡总人数	1起 4人	5起 27人	2起 6人
占比	100% 100%	40% 29.63%	50% 50%

二、广州城市交通安全潜在风险分析

广州是全国三大综合交通枢纽之一，各种交通方式齐备，主要基础设施包括广州白云国际机场、广州港、铁路枢纽、公路枢纽及集疏运网络等。2018年，全市共完成客运量5亿余人次、旅客周转量2700亿人公里，完成货运量11亿吨、货物周转量19304亿吨公里。交通运输重点设施及潜在风险因素包括以下四个方面（见表3）。

（一）路面交通

截至2018年底，广州市域公路总通车里程为8974公里，高速公路通车里程1022公里，居全省第一、全国第四。广州本地危险货物运输企业113家、危险货物运输车3728辆，由市交通运输局许可发证，安全监管由市交通运输局、市公安交警部门负责。而来自全国各地约3000辆危险货物运输车长年或经常性地在广州运营，安全监管上存在真空地带。此外，广州现有校车企业1040家、校车4247辆，散体物料运输车（泥头车）4689辆，但在城管部门合法登记的实际只有2833台。广州还有货运企业19836家、货运车144000辆，客运企业876家、客运车42000多辆。

（二）地下交通

截至2019年12月20日，广州地铁现已开通14条线路，运营总里程超过500公里，达513公里。拥有269座运营车站，日均客流量已突破900万人次，线网里程和日均客流量均为全国第三，同时最大日客流量达到1113.4万人次①。部分地铁车站与28个综合商业体进出口互联互通，存在潜在肠梗塞或倒灌风险。

（三）水上交通

截至2018年12月27日，广州通航水道共60条、通航总里程3261公里；各类码头、泊位863个；锚地113个，海上通航桥梁183座；一类口岸4个、二类口岸12个；在海洋和渔业部门登记的渔船有2086艘；经港务部门审核审批的营运船舶共1379艘，其中客船76艘、货船1303艘；实际在广州水域经常性航行的船只约为2500艘，2018年港口货物吞吐量6.12亿吨。

（四）空中运输

广州白云国际机场是国内三大航空枢纽之一，目前拥有2座航站楼、3条跑道、标准机位269个，航线网络已覆盖全球220多个通航点，可满足年起降62万架次、8000万旅客量和250万吨货邮量的运营需求。截至日期2018年共完成旅客吞吐量6974万人次、航班起降47.7万架次、货邮吞吐量189万吨，旅客吞吐量全球排名第13位。

表3　交通运输重点设施及潜在风险因素统计表

交通类制	静态	动态	承载量
路面交通	危险货物运输企业113家、货运企业19836家、客运企业876家、校车企业1040家	危险货物运输车3728辆、校车4247辆、泥头车4689辆，货运车144000辆，客运车42000多辆	完成客运量5亿余人次、旅客周转量2700亿人公里

① 网址：kb.southcn.com/content/2019-10/011content_189141460.htm.

（续上表）

交通类制	静态	动态	承载量
地下交通	14条线路、通车里程513公里、269座车站	日均客流量突破900万人次，全国第三	2017年12月31日，最大客流日量达到1113.4万人次
水上交通	通航水道60条、通航总里程达3261公里；各类码头、泊位863个；锚地113个，桥梁183座；一类口岸4个、二类12个	营运船舶共1379艘，其中客船76艘、货船1303艘；渔船2086艘；经常性航行船只约2500艘。	2018年港口货物吞吐量6.12亿吨
空中运输	2座航站楼、3条跑道、标准机位269个，航线网络覆盖全球220多个通航点	可满足年起降62万架次、8000万旅客量和250万吨货邮量的运营需求	2018年白云机场旅客吞吐量6974.32万人次、航班起降47.7万架次、货邮吞吐量188.72万吨。

三、改善广州城市交通安全的对策建议

坚持以习近平新时代中国特色社会主义思想为指导，深入贯彻落实习近平总书记关于安全生产和防范化解重大风险的系列重要讲话精神，牢固树立以人民为中心的发展思想和生命至上、安全第一的思想，深入推进交通强国建设，采取有力措施，防范化解交通安全重大风险，促进交通安全形势进一步稳定好转，确保人民群众生命财产安全，确保城市安全正常运行，全面增强广州国际综合交通枢纽功能。

（一）坚决防范重特大事故，突出重大风险管控

以防范重特大事故为目标，深入开展交通安全风险排查，全面落实安全风险管控措施，聚焦防控化解重大风险，防止认不清、想不到、管不到等问题的发生，避免“灰犀牛”和“黑天鹅”危机，坚决杜绝重特大事故，有效遏制较大事故，切实扭转一般事故多发高发势头。

（二）严格落实安全生产责任，强化事故防范主动

把坚决落实企业安全生产主体责任放在首位，督促交通运输企业按照

安全生产法律法规规定和国家、省、市有关要求，严格落实安全生产主体责任，做到“五落实五到位”。坚持“管行业必须管安全、管业务必须管安全、管生产经营必须管安全”，落实好各级各部门交通安全监管责任。加强安全形势分析研判，及早发布预测预警预防，主动做好事故防范工作。

（三）切实抓好安全培训教育，夯实交通安全基础

定期开展交通安全监管业务培训，推动知识更新和业务能力提升，促使交通安全监管干部在履职过程中成为面向企业的安全生产法规政策“宣传队”和安全知识技能的“播种机”。督促交通运输企业切实抓好负责人、安全管理人员、驾驶员的安全培训教育，增强安全意识和安全技能，做到持证上岗。

（四）大力加强科技信息化体系建设，实现精准监管

深入推进信息化监管体系建设，运用大数据、云计算、人工智能、物联网等数字化、信息化手段，逐步构建科学、全面、开放、先进的交通安全监管信息化体系，推动交通安全监管工作从以传统方式为主向科技强安方式转变，实现精准监管，打通交通安全监管“最后一公里”。

（李永见）

附　录

《广州市推动综合城市功能出新出彩行动方案》

为深入贯彻落实习近平总书记视察广东重要讲话精神，推动广州综合城市功能出新出彩，更好发挥对全省的支撑引领作用，制定本方案。

一、工作目标

紧密对接国家战略，贯彻省委“1＋1＋9”工作部署，大力弘扬逢山开路、遇水架桥的开拓精神，紧紧扭住粤港澳大湾区建设这个“纲"，增强粤港澳大湾区区域发展核心引擎功能，在支持深圳建设中国特色社会主义先行示范区中实现“双核联动、双轮驱动”，着力建设国际大都市。力争到 2022年，城市能级、经济规模、创新带动力、要素集聚力和集中力量办大事能力明显提升，经济中心、枢纽门户、科技创新、文化引领、综合服务、社会融合等功能取得新突破，为全国全省发展大局提供有力支撑。

二、重点任务

（一）全力提升经济中心功能

1. 建设先进制造业强市。实施协同构建粤港澳大湾区现代产业体系行动计划，建设穗港智造特别合作区。与深圳加强上下游产业链合作，与佛山共建万亿级产业集群。融入珠江东西岸高端电子信息和先进装备制造产业带，壮大新一代信息技术、人工智能、生物医药、新能源、新材料、高端装备、绿色低碳、海洋经济等战略性新兴产业。培育新能源汽车、超高清视频及新型显示等世界级先进制造业集群。推动工业互联网、大数据、人工智能和传统产业深度融合，打造国家服务型制造示范城市和全球定制之都。

2. 建设现代服务业强市。支持广州开展国家服务业扩大开放综合试点。持续深化与港澳服务贸易自由化，建设粤港澳专业服务集聚区。与深圳共同打造国际多式联运中心、全球供应链管理中心、国际物流航运中心。加快广州创新型期货交易所和粤港澳大湾区国际商业银行落地，争取试点深化外汇管理改革。深化建设国家绿色金融改革创新试验区，推动碳资产抵押贷款业务。与深圳共同办好中国风险投资论坛。推动内外贸高质量发展，优化促进消费体制机制，完善市场采购等试点政策体系，依托重点商圈建设国际消费城市示范区，打造一批地标性夜间经济集聚区，做强国际商贸中心。

3. 提升重大发展平台。推动自贸试验区重大政策创新。加强南沙粤港澳全面合作示范区和前海深港现代服务业合作区的合作，加快南沙粤港深度合作园、粤澳合作葡语国家产业园、穗港澳国际健康产业城规划建设。优化广州南站功能，完善站场设施配套，谋划建设国际医学中心。推动部省市共建国家级软件产业基地等重大平台。探索促进私募股权交易的便利举措，加快建设民间金融街、国际金融城。进一步优化营商环境，支持创建国家级营商环境改革创新实验区和科技型民营中小企业发展先行示范区，试行香港工程建设管理模式，放宽港澳专业人才在穗执业。

（二）全力提升枢纽门户功能

4. 增强国际综合交通枢纽功能。发挥广州市国土空间总体规划引领作用，全面提升海陆空枢纽能级和功能，实现全球重要综合交通枢纽发展目标。完善并推进实施广州综合交通枢纽总体规划，建设优化江海、铁水、公水、海空、空铁等立体化交通联运网络，加快建设国际物流中心。共建大湾区世界级机场群，加快白云国际机场三期扩建，推动第四、第五跑道建设，拓宽航线网络，壮大临空经济示范区。支持广深两地深化港口基础设施建设合资合作，争取国际航运保险增值税免税政策落地，加快建设世界级港口群。支持广州建设世界级高铁枢纽，谋划建设广深第二高铁，推进广湛、广汕汕高铁等标志性骨干工程和广佛环线、穗莞深等城际轨道项目，加快广州地铁线网向周边城市延伸。支持广州建设世界级都市数字交通体系，打造多模式多业态城市综合公共交通体系，持续增强城市综合交通精准动态协同服务能力。

5. 建设国际信息枢纽。加快布局建设5G网络，推进智慧灯杆和智能电网试点，培育引进核心企业，建设5G+无人机（车/船）试验场地，打造面向5G技术的物联网与智慧城市示范区。加快发展5G+4K/8K产业，建设花果山超高清视频产业特色小镇，办好世界超高清视频产业发展大会。争取国家支持数字经济创新发展，推动数据要素流通和深度融合。

6．加快建设国际交往中心。支持“广交会"提升影响力和辐射面，建设高水平会展综合体，与深圳共同争取国际国内重大展会落户两市并合理布局。发挥世界大都市协会联合主席城市作用，创设粤港澳大湾区国际论坛，扩大从都国际论坛等影响力。支持广州加强国际城市合作，带动珠三角拓展友好城市、友好港口。

7．建设“一带一路”重要枢纽城市。携手港澳建设企业“走出去”综合服务基地。推动“单一窗口”与港澳、“一带一路"沿线口岸互联互通，支持南沙建设全球进出口商品质量溯源体系。推进中欧班列等跨国物流发展。支持黄埔区建设“一带一路”创新合作区，创建拥有广州市级管理权限的创新城区样板。深化中新广州知识城合作以及中欧、中以、中日、中瑞（士）等科技和产业合作。支持广州承办“一带一路"重大主题活动，推动海丝博览会升格为国家级展会。

8．服务全省“一核一带一区”区域协调发展。强化广州一深圳“双核联动、双轮驱动”作用，深化产业、科技、金融、基础设施等领域合作，共同做优做强做大珠三角核心区。强化广州一佛山极点带动作用，推动广佛全域同城化。建设广清经济特别合作区。支持广州与肇庆、云浮、韶关等城市加强商贸、物流、农产品等领域合作共建。深化与东莞、中山等周边城市战略合作。在推动全省革命老区、原中央苏区振兴发展和少数民族地区加快高质量发展中当好表率。

（三）全力提升科技创新功能

9．推进广深港澳科技创新走廊建设。围绕打造科技创新强市和国际科技创新枢纽，规划建设粤港澳大湾区国际科技创新中心广州创新合作区，支持广州参与共建综合性国家科学中心，加强南沙科学城、中新广州知识城、广州科学城、琶洲人工智能与数字经济试验区（含广州大学城）与光明科学城、深港科技创新合作区、西丽湖国际科教城、东莞中子科学城等重大创新载体的对接合作，打造南沙庆盛科技创新产业基地等一批创新节点。推动科技服务平台设施共建共享，推动财政科技经费跨境使用，共建穗港科技合作园。

10. 加强创新基础能力建设。深化与重点高校、中央和省直属企业、科研院所等合作，与深圳共建人工智能与数字经济省实验室，共同打造数字经济创新发展试验区。开展重点领域研发计划，争取设立更多国家级或省级制造业创新中心。建设冷泉生态系统、人类细胞谱系、天然气水合物钻采船、大型水下智能无人系统、太赫兹国家科学中心等重大科技设施和研究平台，引进动态宽域飞行器实验装置，支持在穗省实验室建设。探索符合国际规则的创新产品政府首购制度。

11. 深化科技体制改革。健全高校和科研院所科研评价和分配激励机制，探索赋予科研人员科技成果所有权或长期使用权。推动广州科技成果产业化引导基金落地实施。改革国有企业创新考核激励制度，探索开展员工持股改革试点。加强中新广州知识城国家知识产权运用和保护综合改革试验区和中国（深圳）知识产权保护中心的合作，联合港澳创建知识产权跨境交易平台。支持广州设立军民融合知识产权运营平台，承办粤港澳大湾区知识产权交易博览会。

12. 厚植人才创新创业沃土。实施广聚英才计划，落实粤港澳大湾区个人所得税优惠政策，发挥好中国海外人才交流大会等平台作用，集聚战略科学家等急需紧缺人才。支持南沙粤港澳人才合作示范区先行先试。推动广州开发区开展技术移民试点。建设国家级人力资源服务产业园。实施支持港澳台青年来穗发展行动计划，建设青年创业就业试验区、创新工场（基地），支持广州举办“一带一路”青年创新大会。

（四）全力提升文化引领功能

13. 打响文化品牌。打响红色文化、岭南文化、海丝文化、创新文化等品牌，支持广州岭南文化中心和对外文化交流门户建设，打造文化强市。支持设立中共三大历史研究中心。推进历史建筑保护利用试点城市建设。完善广州地区文明城市创建工作机制。推进广东美术馆、非物质文化遗产展示中心、文学馆“三馆合一”项目和广州“五馆一院”等文化惠民工程。支持广州与深圳加大文化创意产业合作力度，与港澳、佛山、中山等共建世界美食之都，推进“粤菜师傅”工程。实施文艺高峰攀登行动，推出一批精品力作。在广州建设文化体制改革创新试验区。

14. 深化文商旅融合。支持广州申报“文化系统装备设计与研发”重点实验室，培育旗舰型文化领军企业。扩大文交会影响力，落实国家扩大文化消费试点工作。推进国家旅游综合改革和全域旅游示范区创建试点，推动从化、花都、增城联合清远共建粤港澳大湾区北部生态文化旅游合作区。支持南沙创建国家邮轮旅游发展实验区，争取邮轮入境限时免签政策。加快构建穗港马匹运动及相关产业经济圈。

15. 培育提升教育中心功能。支持部属、省属高校等在穗高校“双一流”建设，加快建设香港科技大学（广州）和华南理工大学广州国际校区。探索建立与国际先进教育体系接轨的办学机制。争创国家首批产教融合试点城市，推动产教协同育人。支持加快广州科教城建设，联合深圳、港澳共建职业教育基地。推进学前教育普惠健康发展和基础教育优质均衡发展，创建品牌学校。推进全国智慧教育示范区、全国青少年校园足球改革试验区建设。

（五）全力提升综合服务功能

16. 提升城市规划建设管理品质。加快报批和实施广州市国土空间总体规划。推动一批省级自然资源审批事项下放到广州市，支持在南沙开展土地管理改革综合试点。支持黄埔区争创“三旧”改造改革创新国家级试点。深化查控拆除违法建设行动，坚决遏制新增违法建设，出台存量违法建设分类处置办法。实施村级工业园、专业批发市场和中心城区物流园区整治提升行动计划，加快专业市场转型升级。落实城市信息模型（CIM）平台建设试点工作。推进智慧城市建设，用绣花功夫治理“大城市病”。完善城市能源保障体系，推进北江引水工程，加快建设世界一流配电网。

17. 推进生态文明建设。加强粤港澳大湾区生态环保联防联治，推进广佛跨界河流综合整治，建设三十公里精品珠江，打造美丽广州。完善河长制湖长制与网格化治水机制，加大“散乱污”场所整治力度，高标准建设千里碧道，建设人水互动的美丽水岸。加强重点地区水土流失治理，落实小水电生态流量泄放措施，不断修复河道水生态环境。落实蓝天保卫战工作方案，不断改善空气质量。建立完善广州地区生活垃圾分类协调工作机制，全链条提升垃圾分类体系，加快处理设施建设，打造全国垃圾分类样板城市。持续治理修复土壤污染场地。加快推进白云山、麓湖、越秀山及周边还绿于民，加快建设广州花园。深入推进城乡“厕所革命”。

18. 培育提升医疗中心功能。服务好在穗部属、省属医院，支持广州三甲医院在深圳设置分支机构，促进广州地区优质医疗资源更好服务周边城市群众，争取国家呼吸医学中心、中南地区国家区域儿童医学中心等落户广州。落实国家药品集中采购试点工作。加快中医药创新发展和中药产业现代化，与港澳创设中医药产品质量标准。争取复制海南医药试点的核心政策，打造国家生物医药和健康服务创新政策试验区。鼓励多层次社会办医，放宽外资参股医疗机构的股比限制。

19. 提升社会保障水平。增强公共服务供给能力，建设幸福广州。率先全面提升养老服务水平，开展国家级医养结合试点，探索“大城市大养老"模式。推进高龄重度失能老年人照护商业保险等试点，建设社区嵌入式养老机构。推进集体建设用地建设租赁住房试点，培育市场化住房租赁企业。贯彻国家关于港澳居民在内地参加基本养老保险相关政策，研究探索粤港澳大湾区社保制度衔接。完善困境儿童分类救助帮扶制度，建设未成年人救助保护综合平台。优化城乡居民大病保险待遇标准调整机制。

（六）全力提升社会融合功能

20. 推进依法治市。建设法治政府，深入推进依法行政。深化司法体制综合配套改革，推动粤港澳大湾区司法协作。推进港澳律师在内地执业试点，建设粤港澳大湾区仲裁联盟。提升广州知识产权法院、广州互联网法院服务大湾区水平。支持广州开发区创建国家级信用经济试验区，率先实现信用联合奖惩“一张单"。

21. 建设平安广州。深入开展扫黑除恶专项斗争。推进南沙新警务改革，完善立体化治安防控体系。建设应急综合指挥调度中心。推进“广州街坊”群防共治。总结推广P2P 等重点领域整治经验，探索对新技术新业态的风险管控。构建“令行禁止、有呼必应”基层党建引领社会治理体制创新工作格局，开展创新城乡社区治理改革试点。优化来穗人员基本公共服务提供机制。创新与港澳社会组织合作交流机制。

22. 推动城乡融合发展。完善城乡融合发展体制机制和政策体系，在全省乡村振兴中当好示范和表率。支持增城创建国家城乡融合发展试验区、从化创建全国全省乡村振兴示范区。支持广州率先复制推广土地制度改革经验，推进集体经营性建设用地入市试点。共建大湾区“菜篮子”生产流通服务体系，建设广州国家现代农业产业科技创新中心和国际种业中心。

三、组织保障

坚持和加强党的全面领导，深入贯彻落实省委、省政府部署安排，凝心聚力推动各项改革举措落地见效。省经济体制改革专项小组要强化统筹协调，省各有关单位要拿出具体举措，主要研究提出相关配套政策，及时协调解决方案实施中遇到的困难和问题。广州市要履行好主体责任，对接国家战略，融入全省发展大局，明确分工、压实责任、狠抓落实，做好舆论引导，确保完成各项改革部署。